T0193848

essentials

essentials liefern aktuelles Wissen in konzentrierter Form. Die Essenz dessen, worauf es als „State-of-the-Art" in der gegenwärtigen Fachdiskussion oder in der Praxis ankommt. *essentials* informieren schnell, unkompliziert und verständlich

- als Einführung in ein aktuelles Thema aus Ihrem Fachgebiet
- als Einstieg in ein für Sie noch unbekanntes Themenfeld
- als Einblick, um zum Thema mitreden zu können

Die Bücher in elektronischer und gedruckter Form bringen das Expertenwissen von Springer-Fachautoren kompakt zur Darstellung. Sie sind besonders für die Nutzung als eBook auf Tablet-PCs, eBook-Readern und Smartphones geeignet. *essentials:* Wissensbausteine aus den Wirtschafts-, Sozial- und Geisteswissenschaften, aus Technik und Naturwissenschaften sowie aus Medizin, Psychologie und Gesundheitsberufen. Von renommierten Autoren aller Springer-Verlagsmarken.

Weitere Bände in der Reihe http://www.springer.com/series/13088

Friedrich Hagemeyer · Malte Preuß ·
Michael Meyer zu Hörste ·
Christian Meirich · Leander Flamm

Automatisiertes Fahren auf der Schiene

Technische und rechtliche Aspekte
für die Praxis

 Springer Vieweg

Friedrich Hagemeyer
Berlin, Deutschland

Malte Preuß
Berlin, Deutschland

Michael Meyer zu Hörste
Braunschweig, Deutschland

Christian Meirich
Braunschweig, Deutschland

Leander Flamm
Braunschweig, Deutschland

ISSN 2197-6708   ISSN 2197-6716   (electronic)
essentials
ISBN 978-3-658-32327-1   ISBN 978-3-658-32328-8   (eBook)
https://doi.org/10.1007/978-3-658-32328-8

Die Deutsche Nationalbibliothek verzeichnet diese Publikation in der Deutschen Nationalbiblio-
grafie; detaillierte bibliografische Daten sind im Internet über http://dnb.d-nb.de abrufbar.

© Der/die Herausgeber bzw. der/die Autor(en), exklusiv lizenziert durch Springer Fachmedien
Wiesbaden GmbH, ein Teil von Springer Nature 2021
Das Werk einschließlich aller seiner Teile ist urheberrechtlich geschützt. Jede Verwertung,
die nicht ausdrücklich vom Urheberrechtsgesetz zugelassen ist, bedarf der vorherigen Zustim-
mung der Verlage. Das gilt insbesondere für Vervielfältigungen, Bearbeitungen, Übersetzungen,
Mikroverfilmungen und die Einspeicherung und Verarbeitung in elektronischen Systemen.
Die Wiedergabe von allgemein beschreibenden Bezeichnungen, Marken, Unternehmensnamen
etc. in diesem Werk bedeutet nicht, dass diese frei durch jedermann benutzt werden dürfen. Die
Berechtigung zur Benutzung unterliegt, auch ohne gesonderten Hinweis hierzu, den Regeln des
Markenrechts. Die Rechte des jeweiligen Zeicheninhabers sind zu beachten.
Der Verlag, die Autoren und die Herausgeber gehen davon aus, dass die Angaben und Informationen
in diesem Werk zum Zeitpunkt der Veröffentlichung vollständig und korrekt sind. Weder der Verlag,
noch die Autoren oder die Herausgeber übernehmen, ausdrücklich oder implizit, Gewähr für den
Inhalt des Werkes, etwaige Fehler oder Äußerungen. Der Verlag bleibt im Hinblick auf geografi-
sche Zuordnungen und Gebietsbezeichnungen in veröffentlichten Karten und Institutionsadressen
neutral.

Planung/Lektorat: Daniel Froehlich
Springer Vieweg ist ein Imprint der eingetragenen Gesellschaft Springer Fachmedien Wiesbaden
GmbH und ist ein Teil von Springer Nature.
Die Anschrift der Gesellschaft ist: Abraham-Lincoln-Str. 46, 65189 Wiesbaden, Germany

Was Sie in diesem *essential* finden können

- Eine Einführung in die Automatisierungspotenziale im Eisenbahnbetrieb.
- Eine Analyse des gegenwärtigen Rechtsrahmens des Eisenbahnverkehrs im Hinblick auf Möglichkeiten und Hindernisse für einen automatisierten Betrieb.
- Eine Darstellung der Fahraufgaben des Eisenbahnpersonals und deren Prüfung hinsichtlich der technischen Möglichkeiten einer Automatisierung.
- Eine Konzeptidee für einen teilautomatisierten Fahrbetrieb im Eisenbahnwesen.

Inhaltsverzeichnis

Abkürzungsverzeichnis

Abk.	Erläuterung
AEG	Allgemeines Eisenbahngesetz
AFB	Automatische Fahr- und Bremssteuerung
ANTS	Automated Nano Transport System
ATO	Automatic Train Operation
ATP	Automatic Train Protection
BÜ	Bahnübergang
DB AG	Deutsche Bahn Aktiengesellschaft
DLR	Deutsches Zentrum für Luft- und Raumfahrt e. V.
EBL	Eisenbahnbetriebsleiter
EBO	Eisenbahnbau- und Betriebsordnung
EIU	Eisenbahninfrastrukturunternehmen
ESO	Eisenbahnsignalordnung
ETCS	European Train Control System
EVU	Eisenbahnverkehrsunternehmen
FV-NE	Fahrdienstvorschrift für Nichtbundeseigene Bahnen
GoA	Grade of Automation – Automatisierungsgrad
H	Hochassistiertes Fahren
IEC	International Electrotechnical Commission
IKEM	Institut für Klimaschutz, Energie und Mobilität
LZB	Linienförmige Zugbeeinflussung
OCC	Operation Control Center
PZB	Punktförmige Zugbeeinflussung
RiL	Richtlinie
SIFA	Sicherheitsfahrschaltung
SIL	Sicherheits-Integritätslevel

TAV	Technikbasiertes Abfertigungsverfahren
Tf	Triebfahrzeugführer
TMS	Traffic Management System
UITP	Union Internationale des Transports Publics
V	Vollautomatisiert Fahren
VDV	Verband Deutscher Verkehrsunternehmen
Zp	Signale für das Zugpersonal (Zp)
Zs	Zusatzsignale

Einleitung

1

Neue technische Möglichkeiten rücken heute auf Straße und Schiene die weitgehende Automatisierung des Verkehrs in unmittelbare Reichweite. Getrieben durch einen akuten Fachkräftemangel werden auch im Bahnbetrieb stetig Überlegungen für eine zunehmende Automatisierung bis hin zum fahrerlosen Bahnsystem angestellt.

In der vorliegenden Studie wird ein vollautomatisierter Bahnbetrieb einem hochassistierten Bahnbetrieb gegenübergestellt, der nicht auf einen Fahrer verzichtet. Dabei werden neben technischen, betrieblichen und wirtschaftlichen insbesondere die komplexen regulatorischen Fragestellungen untersucht. Die Untersuchung konzentriert sich auf die Automatisierung des Fernverkehrs, der durch lange Strecken, große Haltestellenabstände und eine geringe Zugfolgefrequenz gekennzeichnet ist.

Unter einem vollautomatisierten Bahnbetrieb wird in der vorliegenden Studie der Zustand verstanden, welcher kein Eingreifen durch einen Triebfahrzeugführer erfordert und somit einen unbegleiteten Betrieb ermöglicht. Von einer vollen Automatisierung der die Zugdispositionen überwachenden Betriebszentrale wird dabei nicht ausgegangen.

Unter hochassistiertem Bahnbetrieb wird in dieser Studie ein Automatisierungsgrad verstanden, bei dem der Triebfahrzeugführer überwiegend überwachende Aufgaben übernimmt. Bei einem solchen Automatisierungsgrad werden die meisten Aufgaben schon vollautomatisiert durchgeführt. Gewisse Handlungen und Aufgaben, deren Automatisierung zu aufwendig ist oder die fundamentalen Vorgaben durch Gesetz oder Betriebsrichtlinien unterliegen, muss der Triebfahrzeugführer in diesem Anwendungsfall hingegen weiterhin manuell übernehmen.

Die Technik ist in vielen Bereichen bereits soweit fortgeschritten, dass ein Triebfahrzeugführer den Betrieb ausschließlich überwachen müsste, um einen

© Der/die Autor(en), exklusiv lizenziert durch Springer Fachmedien Wiesbaden GmbH, ein Teil von Springer Nature 2021

F. Hagemeyer et al., *Automatisiertes Fahren auf der Schiene*, essentials, https://doi.org/10.1007/978-3-658-32328-8_1

vollautomatischen Bahnbetrieb durchführen zu können. Die rechtlichen Rahmenbedingungen und Gesetze sowie die Fahrdienstvorschriften sind jedoch so formuliert, dass im Störungsfall ein Triebfahrzeugführer vor Ort, also im Zug ist, um gewisse Handlungen zur Behebung der Störung durchführen zu können. Die Möglichkeit eines Eingreifens im Notfall muss weiterhin bestehen bleiben, jedoch soll dies nicht Bestandteil der vorliegenden Studie sein.

Eine Umsetzung der Automatisierung kann in verschiedenen Schritten erfolgen. Hierfür werden einzelne Module eingeführt, welche zum einen die Erfassung von Parametern sowie den Betrieb und zum anderen die Abläufe des Fahrens und Bremsens abbilden. Für die Betrachtung der Automatisierung können die jeweiligen Module in einem Operation Control Center zusammengefasst werden.

Eine erste grobe Wirtschaftlichkeitsabschätzung zeigt, dass bei einer Kostenvorgabe von ca. 100 T€ je Fahrzeug (inkl. dem anteiligen Hintergrundsystem) eine Wirtschaftlichkeit des gesamten Vorhabens möglich erscheint.

Wird eine Automatisierung des Bahnsystems auf vernetzten Strecken des Regional- und Fernverkehrs konsequent zu Ende gedacht, erfordert dies spezielle Regulierungen, die im Ergebnis mit einer vollständigen Änderung des Rechtsrahmens einhergehen würden. Insbesondere Haftungsfragen müssen neu reguliert werden, aber auch große Teile der Eisenbahn-Bau- und Betriebsordnung (EBO) und des Allgemeinen Eisenbahngesetzes (AEG) sowie diverse Betriebsrichtlinien der Eisenbahnverkehrsunternehmen müssen völlig neu konzipiert, verfasst und zugelassen werden.

Um die Möglichkeiten eines vollautomatisierten Bahnbetriebs zu untersuchen, werden die maßgeblichen Regelwerke der Deutschen Bahn AG analysiert und im Anschluss die in dem jeweiligen Rechtsrahmen beschriebenen Handlungen der Triebfahrzeugführer identifiziert. Abschließend werden Lösungsmöglichkeiten für die jeweiligen Aufgaben aufgezeigt und daraus resultierend der Änderungsbedarf an den Gesetzen und (Konzern-)Richtlinien sowie weiterer Forschungsbedarf abgeleitet.

Die an den Menschen gestellten Aufgaben bilden ein sehr breites Anwendungsspektrum ab. Dies führt zu komplexen bis trivialen Regelwerksanpassungen im Zuge der Automatisierung. Ein hochassistierter Bahnbetrieb ist mit geringeren Anpassungen umsetzbar, als es bei einer Vollautomatisierung der Fall ist, da im Handlungsfall immer noch Zugpersonal vor Ort wäre.

Dieser stellt eine kurz- bis mittelfristige erste Umsetzungsstufe dar, was unter den benötigten Rahmenbedingungen längerfristig zu einem vollautomatisierten Bahnbetrieb führen kann.

Ausgangslage

2

Das automatisierte Fahren ist eines der zukunftsträchtigsten Themen im Verkehrs-
sektor, gleichwohl wird es oftmals nur in Bezug auf die Straße diskutiert. Auch
die Schiene muss sich der Digitalisierung und Automatisierung stellen, will sie
im intermodalen Wettbewerb gegen die Straße bestehen können.

Auch für die Schiene eröffnet die sich schnell entwickelnde Technik neue
Möglichkeiten.

Oftmals scheint es sogar, dass die Schiene an dieser Stelle dem Straßenverkehr
sogar voraus sei, gibt es doch bereits auf der Schiene funktionierende Systeme des
vollautomatisierten Fahrens. Hier handelt es sich jedoch vorwiegend entweder um
isolierte People-Mover-Systeme (etwa in Airports) oder aber um fahrerlose Metro-
Systeme. So sind nach einer Studie der UITP[1] aus dem Jahr 2016 in weltweit 37
Städten 55 automatisierte Metro-Linien in Betrieb. Diese weisen eine dichte Zugfolge bei jeweils kurzer Streckenlänge auf. Die durchschnittliche Streckenlänge
der automatisierten Metro-Linien beträgt jeweils weniger als 15 km, bei Zugfol-
gen bis herunter auf sechzig Sekunden. Vollautomatisierte Systeme wurden meist
im Rahmen von Neubaustrecken implementiert. Kostenträchtige Umbauten von
herkömmlichen Systemen auf automatisierte Systeme – wie im Beispiel Nürnberg
– sind hierbei die Ausnahme. Als Gründe für die Automatisierung werden ein
Sicherheitsgewinn, größere Verfügbarkeit sowie höhere Flexibilität bei der Bedienung von Verkehrsspitzen genannt. Die Investitionen in die Infrastruktur sind
dabei enorm. Das rührt zum Beispiel daher, dass 76 % aller Stationen an vollautomatisierten Metrolinien aus Sicherheitsgründen mit automatischen Bahnsteigtüren
ausgestattet sind. Die Vollautomatisierung ist bei Metros erheblich einfacher zu
realisieren, weil sie oft einen eigenen Bahnkörper aufweisen, also entweder im

---

[1] „World Report on Metro Automation"; July 2016.

© Der/die Autor(en), exklusiv lizenziert durch Springer Fachmedien Wiesbaden
GmbH, ein Teil von Springer Nature 2021
F. Hagemeyer et al., *Automatisiertes Fahren auf der Schiene*, essentials,
https://doi.org/10.1007/978-3-658-32328-8_2

Tunnel oder auf Ständern gebaut werden und betriebliche Inseln darstellen. Letzteres bedeutet, dass in der Regel nur ein Fahrzeugtyp oder sehr ähnliche Fahrzeuge eingesetzt werden und kein betrieblicher Austausch mit Strecken außerhalb des lokalen Netzes stattfindet.

Gänzlich anders stellt sich die Situation im Fern- und Regionalverkehr dar. Das vollautomatisierte Fahren wäre hier zwar technisch grundsätzlich möglich, jedoch zeigt sich insbesondere im Fernverkehr mit langen Strecken und einer geringen Zugfolge, dass eine Umstellung auf ein vollautomatisiertes System mit infrastrukturseitigen Investitionen nicht wirtschaftlich ist.

Auch der Regionalverkehr weist tendenziell ein ungünstiges Verhältnis von Streckenlänge und Zugfolge auf. Jedoch ist hier zu beachten, dass sich vor allem auf schwach nachgefragten Strecken das Verhältnis von Triebfahrzeugführer zur Anzahl der Passagiere deutlich stärker auf die Kostenstruktur auswirkt als im Massenverkehr auf Fernverkehrsstrecken.

Gleichwohl scheidet eine Vollautomatisierung auch im ertragsschwachen Regionalverkehr aus wirtschaftlichen Gründen aus. Die nähere Betrachtung soll sich daher darauf beschränken, Stufen der teilweisen Automatisierung im Personenverkehr zu betrachten, mit denen bei vertretbaren Kosten bereits betriebliche Vorteile erzielt werden können.

Ein weiterer Aspekt ist, dass bislang der Triebfahrzeugführer als „Rückfallebene" für das technische System dient. Im Störungsfall obliegt es diesem, die notwendigen Schritte entweder zur Störungsbeseitigung oder aber zum anderweitigen Umgang mit der Situation zu übernehmen. Bei einem vollständigen Verzicht auf das Fahrpersonal muss auch für dieses Problem eine Lösung gefunden werden, was erfahrungsgemäß die Kosten erheblich ansteigen lässt.

Wird nach Lösungen gesucht, wie die fortschreitende Technik der Automatisierung im Straßenverkehr für den Schienenverkehr zur Steigerung der Wettbewerbsfähigkeit eingesetzt werden kann, sind hybride Lösungen denkbar, bei der die Technik den Triebfahrzeugführer weiter entlastet. Dies bedeutet, dass sich der hohe Anforderungsumfang, der sich heute in einer neunmomatigen Ausbildung materialisiert, nicht mehr substanziell von der eines Bus- oder LKW–Fahrers unterscheidet. Für diese Zielvorstellung wurde die Formulierung „vom Triebfahrzeugführer zum Fahrer" geprägt.

Aus diesen Überlegungen ergeben sich die Schwerpunkte der Studie. Im Folgenden wird unterschieden zwischen langfristig interessanten, von Grund auf neu konzipierten, vollautomatisierten Lösungen, und mittelfristig wirtschaftlichen, hochassistierten Lösungen, die durchaus für verschiedene Module einer Lösung als eine erste Stufe der Automatisierung verstanden werden können.

Vollautomatisierter Bahnbetrieb

3

Unter einem vollautomatisierten Bahnbetrieb wird in der vorliegenden Studie ein Zustand verstanden, welcher kein direktes Eingreifen durch menschliche Handlungen mehr erfordert. Es wird davon ausgegangen, dass ein Triebfahrzeugführer nicht mehr im Triebfahrzeug oder im Zug anwesend sein muss. Das bedeutet, der Betrieb wird mit einem sogenannten Grade of Automation (GoA) 4 durchgeführt. (vgl. Abschn. 4.1 bzw. Abschn. 4.2). Ein menschliches Eingreifen im Notfall muss weiterhin garantiert bleiben, jedoch soll dies nicht Bestandteil der vorliegenden Studie sein.

Der Bahnbetrieb selbst ist im Regelfall in internen Vorschriften der Bahnen geregelt. Als Fahrgastdienstvorschrift der Deutschen Bahn AG (DB AG) bzw. den jeweiligen Fahrgastdienstvorschriften der Nichtbundeseigenen Eisenbahnen sind neben den Betriebsregelwerken der EVU an dieser Stelle insbesondere die RiL 408 zu nennen. Im Folgenden werden die Konzernrichtlinien der DB AG mit RiL abgekürzt. Darüber hinaus sind die Konzernvorschriften RiL 301 (Signalbuch), zusammen mit der Eisenbahnsignalordnung, RiL 481 (Bahnbetrieb; Telekommunikationsanlagen bedienen), RiL 483 (Zugbeeinflussungsanlagen bedienen), RiL 91501 (Bremsen) sowie für die Streckenkunde die VDV-Schrift 755 von Bedeutung.

3.1 Technik

Da die Technik ein entscheidendes Element ist und hier große Unterschiede zwischen Straße und Schiene bestehen, soll der Aspekt der Sicherheitsphilosophie noch einmal näher betrachtet werden. Zu Beginn der Historie der Eisenbahn

© Der/die Autor(en), exklusiv lizenziert durch Springer Fachmedien Wiesbaden GmbH, ein Teil von Springer Nature 2021

F. Hagemeyer et al., *Automatisiertes Fahren auf der Schiene*, essentials, https://doi.org/10.1007/978-3-658-32328-8_3

wurde „auf Sicht" gefahren. Bei den damaligen Geschwindigkeiten galt die Sicherung durch den Triebfahrzeugführer als ausreichend. Bei der Einführung mehrerer
Züge auf einer Strecke wuchs der Bedarf an einer eindeutigen Zuordnung eines
Streckenabschnitts zu einem Zug und zur eindeutigen Signalisierung der Erlaubnis
zur Fahrt und der Sicherung ihrer gegenseitigen Abhängigkeiten. Um dieses Ziel
zu erreichen, wurden Stellwerke entwickelt und eingeführt, die den Gegenfahr-,
Folgefahr- und Flankenschutz durch die Sicherung von Fahrstraßen gewährleiste-
ten. Um auch mehrere Züge zwischen zwei Bahnhöfen nacheinander fahren lassen
zu können, wurden Blocksysteme installiert.

Die Beachtung der Signale oblag dabei immer noch dem Triebfahrzeugführer, so dass deren Einhaltung erst mit Einführung der Zugbeeinflussung gesichert
wurde. Im Prinzip gilt dies heute für alle Triebfahrzeuge, die Streckenfahrten
durchführen. Die EBO fordert heute, dass jeder Zug, der Streckenfahrten aus-
führt, mit einer Zugbeeinflussung ausgerüstet sein muss, die Gefahrenpunkt und
Geschwindigkeit überwacht. Die Sicherungstechnik wurde im Laufe der Zeit weiterentwickelt mit dem Ziel, den Menschen von solchen Handlungen zu entlasten,
die sich häufig wiederholen und ein hohes Unfallrisiko beinhalten. So ist es beispielsweise wegen langer Bremswege und stark variierender Massen der Züge (86
to bis 3500 t) nicht möglich, eine Geschwindigkeits- und Bremsregelung nach
„Gefühl" auszuführen. Daher erfolgt die sicherheitstechnische Überwachung der
Geschwindigkeit mit einem Geschwindigkeitsprofil. Da die resultierenden Bremswege größer als die Sichtweite sein können, ist eine Reservierung und Sicherung
der Fahrstraße notwendig, um einen Gegen-, Folgefahr- und Flankenschutz zu
realisieren. Die relevanten Entwicklungsschritte der Eisenbahnsicherungstechnik
zeigt Abb. 3.1. Mit der Ausrüstung mit dem European Train Control System
(ETCS) wird heutzutage die Entwicklungsphase 13 erreicht (vgl. Abb. 3.1).

Auf dem Weg von einer automatischen Zugbeeinflussung (Automatic Train
Protection – ATP) bis hin zum voll-automatisierten und unbegleiteten Betrieb
werden in der IEC[1] 62267 vier „Automatisierungsgrade" (Grade of Automation –
GoA) unterschieden, welche in Abb. 3.1 aufgezeigt werden. Mit der Ausrüstung
mit einer automatischen Zugbeeinflussung wird GoA1 erreicht und eine Fahr-
und Bremsregelung entspricht einer GoA2. In der GoA3 fährt der Zug auto-
matisch, wird aber in der Regel noch durch einen Zugbegleiter abgefertigt, der
auch im Störungsfall eingreifen kann. Im vollautomatischen Grad GoA4 fährt
der Zug ohne Personal an Board und nur für eine Störungsbehandlung kann eine
Betriebszentrale eingreifen.

---

[1]Beuth, IEC 62.267: Railway applications – Automated urban guided transport (AUGT) -
Safety requirements.

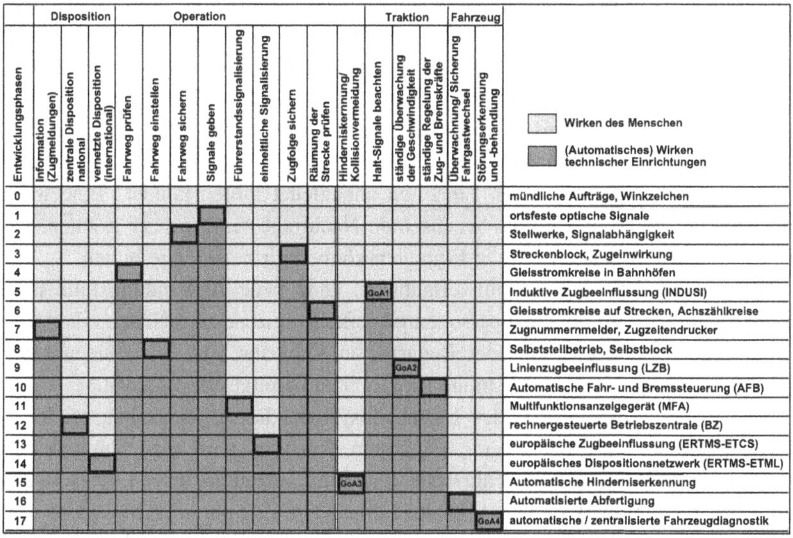

Column groups: **Disposition | Operation | Traktion | Fahrzeug**

Column headers:
Entwicklungsphasen · Information (Zugmeldungen) · zentrale Disposition national · vernetzte Disposition (international) · Fahrweg prüfen · Fahrweg einstellen · Fahrweg sichern · Signale geben · Führerstandssignalisierung · einheitliche Signalisierung · Zugfolge sichern · Räumung der Strecke prüfen · Hinderniskennung/ Kollisionsvermeidung · Halt-Signale beachten · ständige Überwachung der Geschwindigkeit · ständige Regelung der Zug- und Bremskräfte · Überwachung/ Sicherung Fahrgastwechsel · Störungserkennung und -behandlung

Legend:
☐ Wirken des Menschen
▨ (Automatisches) Wirken technischer Einrichtungen

Nr.	Beschreibung
0	mündliche Aufträge, Winkzeichen
1	ortsfeste optische Signale
2	Stellwerke, Signalabhängigkeit
3	Streckenblock, Zugeinwirkung
4	Gleisstromkreise in Bahnhöfen
5	Induktive Zugbeeinflussung (INDUSI) — GoA1
6	Gleisstromkreise auf Strecken, Achszählkreise
7	Zugnummernmelder, Zugzeitendrucker
8	Selbststellbetrieb, Selbstblock
9	Linienzugbeeinflussung (LZB) — GoA2
10	Automatische Fahr- und Bremssteuerung (AFB)
11	Multifunktionsanzeigegerät (MFA)
12	rechnergesteuerte Betriebszentrale (BZ)
13	europäische Zugbeeinflussung (ERTMS-ETCS)
14	europäisches Dispositionsnetzwerk (ERTMS-ETML)
15	Automatische Hinderniserkennung — GoA3
16	Automatisierte Abfertigung
17	automatische / zentralisierte Fahrzeugdiagnostik — GoA4

Abb. 3.1 Entwicklungsschritte der Eisenbahnsicherungstechnik nach Pottgießer (H. Pottgießer, „Betriebssicherheit und Signaltechnik bei der Deutschen Bundesbahn," *Eisenbahntechnische Rundschau (ETR) 11–1972*, pp. 408–417.) mit Erweiterungen von Meyer zu Hörste (M. Meyer zu Hörste, Methodische Analyse und generische Modellierung von Eisenbahnleit- und -sicherungssystemen.)

3.2 Szenario GoA4

Soll das fahrerlose, automatisierte Fahrzeug konsequent eingesetzt werden, zeichnen sich Konzepte innovativer Verkehrssysteme ab: Kleinere Einheiten in der Größe eines normalen Linienbusses oder klassischen Schienenbusses, die schnell und flexibel entsprechend des momentanen Bedarfs eingesetzt werden können. Dieser Ansatz – so attraktiv er erscheinen mag – erfordert Änderungen an allen Elementen des Systems. Nicht nur das Fahrzeug, auch die Sicherungstechnik und die steuernde Zentrale müssen konsequent neu konzipiert werden. Die Erfassung des Bedarfs muss moderner – beispielsweise über eine App – erfolgen, um so die notwendigen Eingangsinformationen zu sammeln.

Der Charme dieses Ansatzes liegt nicht im „hinzufügen", sondern im „weglassen". Beispielsweise das Konzept „Automated Nano Transport System (ANTS)" von Siemens[2] verfolgt einen solchen revolutionären Ansatz. Zentrales Element ist hier ein sehr variables Fahrzeugkonzept, das aus einem Fahrwerk besteht, welches alle Antriebs-, Brems- und Sicherungssysteme enthält und einem austauschbaren Aufbau, der verschiedene Konfigurationen je nach vorgesehenem Einsatzzweck umfasst. Komplettiert wird das System durch eine unmittelbare Erfassung des Bedarfs und eine automatisiert darauf reagierende Betriebsführung. Das wiederum setzt voraus, dass die einzelnen Einheiten unbegleitet fahren können. Eine weitere wichtige Funktion, um auf wechselnde Nachfrage reagieren zu können, ist das dynamische Stärken, d. h. die Einheiten können virtuelle Züge bilden.

Ein solcher Ansatz wiederum erlaubt es, ganz neue Anwendungsfälle und Geschäftsmodelle im Schienenpersonennahverkehr umzusetzen. Neben einer feineren Steuerung entsprechend des Bedarfes an Kapazität und Zeit können auch zielgerichtet Angebote für bestimmte Zielgruppen bereitgestellt werden.

Eine zentrale Eigenschaft des Eisenbahnsystems ist die zentralisierte, hierarchische Steuerung. Ausgehend von einem Fahrplan wird eine Zuglenkung gespeist, die jedem Zug seine Fahrstraße und Fahrplanzeiten zuweist. Diese werden durch das Stellwerk und die Signaltechnik an den Zug übertragen sowie deren Einhaltung von der Zugbeeinflussung gesichert. Insofern gibt es vom Verkehrsmanagement und der Disposition eine durchgängige Befehlskette bis hin zum Fahrer oder der Fahrautomation. Bei punktförmigen Systemen wird dies lokal überwacht – bei kontinuierlichen Systemen wie der LZB oder ETCS Level 2 lückenlos. Abb. 3.2 zeigt ein Blockschaltbild eines solchen Systems aus dem Bereich von S-Bahnen oder Metros.

Das Verkehrsmanagementsystem oder Traffic Management System (TMS) hat dabei die Aufgabe den Verkehr möglichst dem Fahrplan entsprechend und bedarfsgerecht auszuführen.

Generell erleichtert diese hierarchische Steuerungsstruktur die Einführung einer Automatisierung bis hin zur Vollautomatisierung, weil bereits heute von einer Zentrale alle Zugbewegungen bis hin zur Geschwindigkeit vorgegeben werden.

Gewissermaßen können die in *Abb.* 3.3 dargestellten Automatisierungsgrade und speziell der Automatisierungsgrad GoA4 weiter in einen „GoA4a" und einen „GoA4b" unterteilt werden. So wird im „GoA4a" die Überwachung vom Personal in einem Operation Control Center (OCC) vorgenommen, das im Störfall die Steuerung des Fahrzeuges übernehmen kann. Noch konsequenter ist ein Betrieb nach „GoA4b", in dem alles vollautomatisch gesteuert wird.

---

[2]https://www.siemens.com/customer-magazine/en/home/mobility/innotrans/project-future-train.html (letzter Abruf 13.3.2018).

Bahnbetriebliche Basisfunktion		Nicht automatischer Betrieb NTO GOA1	Teil- automatischer Betrieb STO GOA2	Fahrerloser Betrieb DTO GOA3	Begleiterloser Betrieb UTO GOA4
Sicherung der Zugbewegung	Sicherung der Fahrstraße	S	S	S	S
	Sicherung der Abstandshaltung	S	S	S	S
	Sicherung der Geschwindigkeit	X	S	S	S
Fahren und Bremsen		X	S	S	S
Kollisionsvermeidung mit Objekten und Personen (Hinderniserkennung)		X	X	S	S
Sicherung des Fahrgastwechsels		X	X	X oder S	S
Zugbetrieb	Bereitstellung und Abstellung	X	X	X	S
	Überwachung des Zugzustands	X	X	X	S
Sicherstellung der Störfallerkennung und des Störfallmanagements		X	X	X	S und/oder Personal im OCC

Bemerkung
X = Verantwortung des Betriebspersonals (Kann durch ein technisches System realisiert sein)
S = Realisiert durch ein technisches System

Abb. 3.2 Darstellung der Automatisierungsgrade

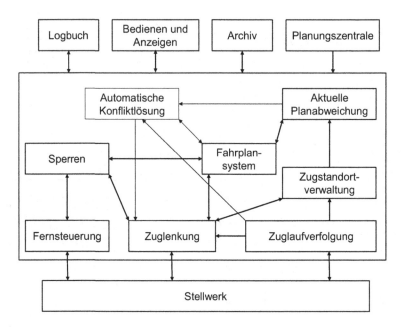

Abb. 3.3 Eine mögliche Struktur einer Betriebssteuerzentrale zur automatischen Steuerung von Zügen. (W. Mücke, Betriebsleittechnik im öffentlichen Verkehr, Hamburg.)

Hochassistierter Bahnbetrieb

4

Der hochassistierte Bahnbetrieb beschreibt einen Automatisierungsgrad eines GoA 2 bzw. GoA 3, bei dem der Triebfahrzeugführer überwiegend überwachende Aufgaben übernimmt (vgl. *Abb.* 3.3). Bei einem solchen Automatisierungsgrad, der heutzutage teilweise schon Stand der Technik ist, werden die meisten Aufgaben schon automatisiert durchgeführt. Gewisse Handlungen und Aufgaben, die entweder noch nicht automatisierbar sind oder auch Aufgaben, die durch gesetzliche Vorgaben und durch Vorgaben der Betriebsrichtlinien durchzuführen sind, muss der Triebfahrzeugführer weiterhin manuell übernehmen.

4.1 Bahnbetrieb

Für einen hochassistierten Bahnbetrieb bietet es sich an, die verschiedenen Aufgaben eines Triebfahrzeugführers zu betrachten und daran anknüpfend Vorschläge zur Automatisierung zu unterbreiten.

Auch wenn auf eine Ausbildung nicht komplett verzichtet werden kann, kann der Umfang der betrieblichen Tätigkeiten und damit auch der Ausbildungsumfang massiv reduziert werden. Im Einzelnen werden nachfolgend die verschiedenen Aufgaben des Triebfahrzeugführers analysiert, die Regelungen angegeben, denen sie unterliegen und verschiedene Module zu automatisierender Tätigkeitsgruppen dargestellt. Dabei soll der Fokus für den Zweck dieser Studie auf einem Personenverkehr mit Triebzügen liegen.

© Der/die Autor(en), exklusiv lizenziert durch Springer Fachmedien Wiesbaden GmbH, ein Teil von Springer Nature 2021

F. Hagemeyer et al., *Automatisiertes Fahren auf der Schiene*, essentials,
https://doi.org/10.1007/978-3-658-32328-8_4

4.1.1 Tätigkeiten vor Fahrtbeginn

Die folgende Auswahl betrachtet die Tätigkeiten im oder am Fahrzeug. Aufgaben wie das Abholen des Verzeichnisses der Langsamfahrstellen, der örtlichen Richtlinien oder der ausgefüllten Befehle bei der Lokleitung werden nicht betrachtet, da sie bei assistierter Fahrweise unverändert bestehen bleiben und bei der Vollautomatisierung komplett entfallen. Wegen der betrieblichen Komplexität wird das allgemeine Rangieren nicht berücksichtigt. Der Fokus liegt eher auf Triebzügen als auf lokbespannten Personenzügen.

In diesem Zusammenhang wird in der vorliegenden Studie mit dem Begriff „LKW-Fahrer" eine Person mit einem Führerschein der Europäischen Führerschein-Klassen C oder CE[1] beschrieben. Gemeint ist nicht eine abgeschlossene Ausbildung zum Berufskraftfahrer.

- *Bremsprüfung* sowie Feststellung der Bremsverhältnisse. Es handelt sich hierbei grundsätzlich um eine vergleichsweise komplexe Aufgabenstellung. Diese ist jedoch lediglich im Güterverkehr sowie bei lokbespannten Personenzügen notwendig, beim Einsatz von Triebfahrzeugen entfällt die Aufgabe.
- *Türprüfung.* Eine Aufgabe, die dem Ausbildungslevel eines LKW-Fahrers entspricht.
- *Prüfung der Sicherheitseinrichtungen.* Die Prüfung des Typhons, der Sicherheitsfahrschaltung (SIFA) sowie der Türfreimeldeeinrichtung zeigt sich als wenig komplexe Aufgabe, die ebenfalls mit dem Ausbildungsniveau eines LKW–Fahrers zu absolvieren ist.
- *Prüfung, Dateneingabe und Einstellung der Zugsicherungstechnik (PZB/LZB).* Dies ist eine komplexe eisenbahnspezifische Aufgabe, die als komplexester Teil in einer neuen Basisausbildung weiterhin enthalten sein sollte, wenn sie nicht als ein eigenständiges Modul automatisiert wird.
- *Prüfung der Fahrzeugsicherheit.* Die Prüfungen, die heute vor Fahrbeginn gemacht werden, lassen sich einfach in eine Check-Liste überführen, die im Rahmen einer Basisausbildung bzw. Fahrzeugeinweisung geschult werden können. Im Falle von Störungen oder Unregelmäßigkeiten steht der 24/7 Service des Herstellers zur Verfügung.
- *Bereitstellung des Zugs.* Das Fahrzeug wird aus der Abstellung an den Bahnsteig gefahren. Hierbei handelt es sich – außerhalb der Zugsicherungstechnik – um eine wenig komplexe Aufgabe.

---

[1]Richtlinie 2006/126/EG des Europäischen Parlaments und des Rates vom 20. Dezember 2006 über den Führerschein (Neufassung).

4.1.2 Tätigkeiten während der Fahrt

- *Abfertigung der Züge.* Im Personenverkehr sind die Züge nach erfolgtem Fahrgastwechsel abzufertigen. Unter anderem ist mithilfe des technikbasierten Abfertigungsverfahrens (TAV) bereits schon jetzt an vielen Stellen eine weitgehende Automatisierung erreicht.
- *Funkanweisungen.* Es müssen per Funk übermittelte einfache Sprachanweisungen aufgenommen und sodann betrieblich umgesetzt werden (z. B. Notrufe, Befehle, Dispositionsinformationen). Der Lokführer übernimmt bei per Funk gegebenen Befehlen eine höhere Verantwortung, anders als dies auf der Straße der Fall ist. Daher wird eine spezifische (kurze) Schulung benötigt.
- *Störungsfallbehandlung.* Bei Störungen ist über die weitere Verfahrensweise zu entscheiden. Hierbei handelt es sich um eine komplexe Aufgabe, welche insbesondere eisenbahnspezifisches Wissen erfordert. Eine Automatisierung erscheint auch schwierig, da jeder Störungsfall mit seinen Gegebenheiten einzeln bewertet werden muss. Hier kann eine wichtige Rolle für ein umfangreiches Assistenzsystem, einen zentralen Dispatcher (Fahrdienstleiter) oder auch den 24/7 Support des Herstellers entstehen, wenn Fahrer mit reduzierter Ausbildung eingesetzt werden.
- *Zugsicherungstechnik (PZB/LZB/ETCS).* Bei deren Bedienung handelt es sich um eine komplexe, eisenbahnspezifische Tätigkeit.
- *Streckenbeobachtung.* Bei der Beurteilung des Streckenzustands und ggf. aktueller betrieblicher Einschränkungen handelt es sich um eine Tätigkeit, welche erhebliches eisenbahnspezifisches Wissen erfordert.
- *Geschwindigkeitsregelungen sowie die Signalbeobachtung.* Für die Bewertung der Signale ist eisenbahnspezifisches Wissen vorauszusetzen. Weiter gestaltet sich die Geschwindigkeitsregelung als komplexe Aufgabe, die von verschiedenen Regeln und Hintergrundinformationen abhängig ist.

4.1.3 Tätigkeiten nach Fahrtende

- *Abstellung des Zugs.* Das Fahrzeug wird vom Bahnsteig in die Abstellung gefahren. Hierbei handelt es sich – außerhalb der Zugsicherungstechnik – um eine wenig komplexe Aufgabe.

4.2   Automatisierungsschritte

Insgesamt können eine Reihe von Modulen identifiziert werden, welche als mögliche Ansatzpunkte für den hochassistierten Bahnbetrieb dienen könnten. Dabei wird der hochentwickelte Stand der Technik vorausgesetzt, wie er sich in der Mustererkennung und Situationsanalyse bei den Entwicklungen zu autonomen Fahrzeugen im Straßenverkehr abzeichnet. Die technischen Realisierungen der Module tragen eine Sicherheitsverantwortung und sind vermutlich mit einem Sicherheits-Integritätslevel 4 (SIL 4) auszustatten. Bei dem absehbaren Kostenverfall von Sensor- und Verarbeitungshardware im Feld der Fahrzeugautomatisierung im Straßenverkehr, ist davon auszugehen, dass dabei trotz der hohen Anforderungen keine prohibitiven Hardwarekosten entstehen. Die Kosten der anspruchsvollen Software der Bord- und Hintergrundsysteme müssen durch eine flächendeckende Einführung begrenzt werden.

4.2.1   Modul 1a: Situations- und Umfelderfassung

Es handelt sich hierbei um die Fahrtaufgaben *Streckenbeobachtung mittels einer Situations- und Umfelderfassung*. Die Streckenbeobachtung ist weiterhin vom Triebfahrzeugführer durchzuführen. Derzeit bedarf es hierfür einer vertieften Ausbildung, um die Besonderheiten des Eisenbahnverkehrs zu kennen und mit diesen umgehen zu können.

Maßgebliche Vorschriften für das Modul 1 sind die RiL 301 bzw. die ESO in Bezug auf die Signale, sowie die RiL 408 (bzw. alternativ die FV-NE) für den Fahrbetrieb. In Bezug auf die Streckenkunde ist dazu die VDV-Schrift 755 von Belang. Für die *Signalbeobachtung* (RiL 301 und ESO) müssten sämtliche Signale und Zeichen vom System (Modul 1a) erkannt werden und in einfache Befehle für den Fahrer übertragen werden.

4.2.2   Modul 1b: Digitaler Streckenatlas und Ortung

In diesem Modul wird die aktuelle relative Position und Geschwindigkeit des Zuges erfasst und mittels des digitalen Streckenatlasses in eine absolute Position umgerechnet. Technologien hierfür sind als Prototypen verfügbar, aber noch nicht flächendeckend eingeführt. Die relevanten Regelwerke sind die Bau- und Betriebsregelwerke für die Zugsicherungstechnik.

4.2.3 Modul 2: Auswertung und Situationsbewertung

Basierend auf den Modulen 1a und 1b (vgl. Unterabschnitte 4.2.1 und 4.2.2) wird in diesem Modul die Situation bewertet und es werden die relevanten Schlussfolgerungen gezogen. Relevante Vorschriften sind betriebsseitig auch hier die RiL 408 bzw. FV-NE sowie infrastrukturseitig die Betriebsregelwerke der EVU.

4.2.4 Modul 3: Fahr- und Brems-Regelung

Geschwindigkeitsregelung. Das Modul 3 setzt auf Modul 1a auf (vgl. Unterabschnitt 4.2.1) und berücksichtigt die Einstellung der Geschwindigkeit der Fahrzeuge nicht mehr durch den manuellen Eingriff des Fahrers, sondern durch das Fahrzeug selbst. Dieser Ansatz ist als Stand der Technik verfügbar und kann in modernen Triebzügen vom Hersteller geliefert werden. Die Aufgabe des Fahrers beschränkt sich dann darauf, die korrekte Geschwindigkeit des Zuges herzustellen und einzuhalten.

Relevante Vorschriften sind betriebsseitig auch hier die RiL 408 bzw. FV-NE sowie infrastrukturseitig die Betriebsregelwerke der EVU.

4.2.5 Modul 4a: Anzeigen, Assistenz und Fernsteuerung

Die Anforderung an dieses Modul besteht darin, die Meldungen der *Zugsicherungstechnik* auf vereinfachte („GO – NO GO") Anzeigen bzw. auf einfache Anzeigen zu Störung oder Funktion zu transformieren. Hierbei handelt es sich um die Bedienung der Zugsicherungstechnik (PZB, LZB, ETCS) verankert in der RiL 483. Zu berücksichtigen ist auch das betriebliche Regelwerk, die Bedienungsregelwerke für ATO oder AFB, sowie die Regeln für die Telekommunikation (RiL 481). Auch hierbei sollte der neuste Stand der Technik und die Übertragbarkeit von Technologien, wie sie sich in situationsgesteuerten Anzeigen in Fahrerassistenzsystemen des Straßenverkehrs finden, berücksichtigt werden.

4.2.6 Modul 4b: Automatisierte Führung Bereitstellung und Abstellung

In diesem Modul werden die Funktionen realisiert, die dazu notwendig sind, das Fahrzeug ohne Fahrgäste bereit- oder abzustellen. Diese Abläufe finden in abgegrenzten und – im Vergleich zur normalen Fahrt – kleinen Bereichen statt, zu denen nur eingewiesenes Personal Zugang hat. Bei Metros sind solche Funktionen bereits betriebserprobt.

Relevante Vorschriften sind betriebsseitig auch hier die RiL 408 bzw. FV-NE sowie infrastrukturseitig die Betriebsregelwerke der EVU.

4.2.7 Modul 4c: Automatisierte Führung

Dieses Modul dient dazu, eine Vollautomatisierung zu realisieren. Die dafür notwendigen Funktionen basieren auf der Situationsbewertung aus Modul 2 (vgl. Unterabschnitt 4.2.3) und kommandiert die Geschwindigkeitsregelung aus Modul 3 (vgl. Unterabschnitt 4.2.4). Auch hier sind die relevanten Vorschriften betriebsseitig die RiL 408 bzw. FV-NE sowie infrastrukturseitig die Betriebsregelwerke der EVU.

4.2.8 Modul 5: Betriebszentrale / Operations Control Center (OCC)

Dieses Modul umfasst die übergreifende Betriebssteuerung der Infrastruktur. Hier wird der Normal- und Störfallbetrieb gesteuert sowie Fahrzeuge und Trassen disponiert. Neben großen Anteilen, die im Stand der Technik verfügbar sind, muss eine Technik für die Fernsteuerung von gestörten Zügen realisiert werden.[2]

In nachfolgender Abb. 4.1 werden die einzelnen Module zusammenfassend dargestellt.

---

[2]Brandenburger, N., Naumann, A., Grippenkoven, J., & Jipp, M. (2017). Der Train Operator: Situative Fernsteuerung von automatisierten Zügen. Der Eisenbahningenieur, (9), 13–15.

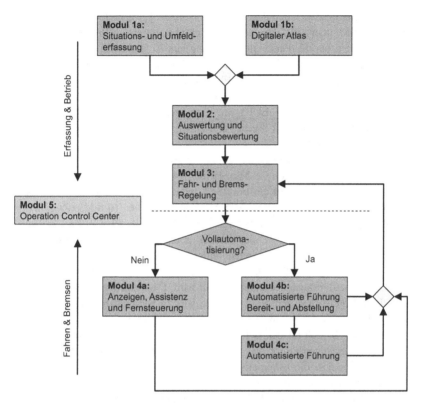

Abb. 4.1 Übersicht der benötigten Module zur Automatisierung

4.3 Wirtschaftlichkeitsbetrachtung

Die nachfolgende Berechnung ist bewusst einfach gehalten und lässt etliche Faktoren außer Betracht. Nichtsdestotrotz bietet sie einen ersten Überblick über den finanziellen Spielraum, welcher für die kostenneutrale Umsetzung von Automatisierungen gegeben ist.

Unterstellt wird ein kleines Nahverkehrsnetz mit $2\,Mio\,Zugkm/a$. Es werden 20 Fahrzeuge mit einer angenommenen Abschreibungszeit von 30 Jahren sowie eine Laufzeit der Verkehrsverträge von zehn Jahren unterstellt. Die Wahrscheinlichkeit des Betreiberwechsels wird mit 50 % angenommen, wonach über die Abschreibungsdauer der Fahrzeuge rechnerisch 1,5 Betreiberwechsel eintreten. Dazu wird unterstellt, dass der neue Betreiber im ersten Betriebsjahr wegen Schwierigkeiten bei der Personalrekrutierung nur 70 % der Fahrten durchführen kann. Es entstehen Kosten von 15 EUR je Zugkm, daneben stehen je Zugkm 5 EUR an Fahrgelderlösen sowie 10 EUR Betriebskostenzuschuss.

Bei regulärem Zugbetrieb entstehen sowohl Kosten in Höhe von 30 Mio. EUR ($2\,Mio\,Zugkm/a \cdot 15$ EUR) wie Einnahmen in Höhe von 30 Mio. EUR ($2\,Mio\,Zugkm/a \cdot 10$ EUR Betriebskostendefizitzuschuss $+2\,Mio\,Zugkm/a \cdot$ 5 EUR Fahrgelderlöse).

Für das erste Betriebsjahr entstehen für die 70 % der regulär gefahrenen Leistungen Kosten in Höhe von 21 Mio. EUR ($1,4\,Mio\,Zugkm/a \cdot 15$ EUR). Für die entfallenen Zugkm wird ein um 25 % reduzierter Kostensatz angenommen, sodass weiterhin Kosten i. H. v. 6,75 Mio. EUR anfallen ($0,6\,Mio\,Zugkm/a \cdot$ 11,25 EUR). Die Gesamtkosten betragen dann 27,75 Mio. EUR.

Es werden für die 70 % der regulär gefahrenen Leistungen Einnahmen in Höhe von 21 Mio. EUR angenommen ($1,4\,Mio\,Zugkm/a \cdot 10$ EUR $+$ $1,4\,Mio\,Zugkm/a \cdot 5$ EUR). Für die entfallenden Zugkm wird unterstellt, dass als Pönale kein Betriebskostenzuschuss gezahlt wird. Dazu werden im eingerichteten SEV die Fahrgelderlöse um 50 % gekürzt, was zu weiteren Einnahmen i. H. v. 1,5 Mio EUR führt. Insgesamt werden 22,5 Mio. EUR vereinnahmt.

Hieraus ergibt sich für den Betreiber ein Defizit i. H. v. 5,25 Mio. EUR.

Bei 20 Fahrzeugen ergibt dies rechnerisch Mehrkosten von 262.500 EUR je Fahrzeug, ohne dass die Automatisierung zusätzliche Kosten verursacht.

Wenn mit der beschriebenen Automatisierung hinsichtlich einer hohen Assistenz das Ausbildungsniveau des Triebfahrzeugführers auf das eines am Markt rekrutierbaren LKW–Fahrers reduziert werden kann, steht eine gänzlich andere Grundgesamtheit von Personen am Arbeitsmarkt zur Verfügung. Mit einer Kostenvorgabe für die technische Lösung von ca. 100.000 EUR pro Fahrzeug ist eine Wirtschaftlichkeit des gesamten Vorhabens nicht von vornherein ausgeschlossen, wenngleich eine vertiefte Betrachtung weiterhin nötig bleibt. Nicht in die Berechnung einbezogen wurde der Gewinn des EVU. Weiter wurde unterstellt, dass auch bei entfallenen Leistungen weiterhin – reduzierte – Fixkosten entstehen, wie beispielsweise für Service- und Werkstattpersonal und Abschreibungen sowie Kosten des SEV. Hingegen entfallen die Personalkosten für die Triebfahrzeugführer, Energie- und Treibstoffkosten sowie möglicherweise Trassenkosten.

4.4 Weitere Vorteile

Alle Anstrengungen zur Automatisierung sind kein Selbstzweck, sondern müssen einen wirtschaftlichen oder anderweitigen Nutzen mit sich bringen. Wirtschaftlich aus dem Ruder gelaufene Prestige-Projekte, wie beispielsweise die teilweise Automatisierung der U-Bahn in Nürnberg können nicht als Blaupause für eine flächendeckende Verbreitung dienen.

Eine stärkere Automatisierung bei gleichzeitiger Absenkung der Ausbildungsanforderungen weist etliche positive Aspekte auf:

- Die Rekrutierung von Fahrpersonal wird massiv vereinfacht und ist nicht mehr nur auf den Pool bereits ausgebildeter Triebfahrzeugführer beschränkt. Vielmehr bietet sich aufgrund der reduzierten Anforderungen sowie der massiv reduzierten Ausbildungszeit die Möglichkeit, in dem großen Pool aller Arbeitskräfte neues Fahrpersonal zu rekrutieren. Denkbar ist es, für den Beruf des Triebfahrzeugführers daher auch LKW-Fahrer gewinnen zu können. Ein wohl vernachlässigbarer Effekt sind Möglichkeiten der Lohnkürzung im Bereich der Triebfahrzeugführer, ebenso wie Einsparungen bei den Ausbildungskosten, da diese oftmals vom Arbeitsamt im Rahmen der Qualifizierung finanziert werden. Daneben wird auch weiterhin eine – verkürzte – Ausbildung nötig sein.
- Als großen Vorteil für Aufgabenträger und EVU stellt sich die Vereinfachung von Betriebsübernahmen nach Ausschreibungen dar. Wie schon vielfach zu beobachten, haben die neuen Betreiber nach einem Betreiberwechsel Probleme, ausreichend Personal zum Betriebsstart zu rekrutieren. Dies führt nicht nur zu wirtschaftlichen Verlusten bei den jeweiligen Betreibern, sondern auch zu Ärger für die Aufgabenträger sowie einem Verlust an Fahrgästen für das System allgemein. Die demografische Entwicklung verschärft das Problem, dass die Relation von Ausbildungsaufwand, Verantwortung, Mobilität und gezahlten Gehältern bereits heute den Beruf des Triebfahrzeugführers unattraktiv macht.
- Eine Perspektive zur Erhaltung von stilllegungsbedrohten Nebenstrecken.
- Um die (Neu-)Zulassungsproblematik für Fahrzeuge zu umgehen, sollten die technischen Neuerungen für die Automatisierung nicht zulassungsrelevant sein und nicht auf die wesentlichen Fahrzeugfunktionen einwirken.
- Ein technisches System mit integrierter Übersetzungsfunktion wirkt förderlich für den grenzüberschreitenden Verkehr.

Rechtsrahmen Gesetze

5

Im Folgenden soll die gegenwärtige Rechtslage des Eisenbahnverkehrs im Hinblick auf die Automatisierung untersucht werden und möglicher Änderungsbedarf aufgezeigt werden.

5.1 Notwendige Rechtsänderungen

Es werden diejenigen Normen des einfachen Rechts identifiziert, welche gegenwärtig noch Fahrpersonal im Bahnbetrieb explizit oder implizit fordern und hinsichtlich des Änderungsbedarfes kurz geprüft.

5.1.1 Normen, welche auf Personalanwesenheit abstellen

An etlichen Stellen wird das Vorhandensein von (Betriebs-)Personal im Gesetz unterstellt. Hier wird jedoch lediglich der Status quo aufgenommen. Es handelt sich gerade nicht um Vorschriften, welche das Vorhandensein von Personal erzwingen. Im Rahmen einer Vollautomatisierung könnten diese Vorschriften der §§ 7d Nr. 1, 26 Abs AEG einfach geändert werden.

§§ 14 Abs. 1, 16 EBO setzt implizit die Anwesenheit von Fahrpersonal voraus, welches die Anzeigen von Signalen wahrnehmen kann bzw. die Zugfunkanlage bedient. Bei einer Vollautomatisierung ist eine einfachgesetzliche Änderung anzustreben.

§ 18 Abs. 4 S. 1 EBO sagt aus, dass Fahrzeuge entweder gesteuert oder unmittelbar bedient werden. Zwar lässt sich im Zusammenspiel mit S. 2 der Norm

© Der/die Autor(en), exklusiv lizenziert durch Springer Fachmedien Wiesbaden GmbH, ein Teil von Springer Nature 2021
F. Hagemeyer et al., *Automatisiertes Fahren auf der Schiene*, essentials, https://doi.org/10.1007/978-3-658-32328-8_5

erkennen, dass die unmittelbare Bedienung zunächst nur das Gegenteil der Fernsteuerung oder der Steuerung durch ein führendes Fahrzeug ist. Jedoch impliziert
der Wortlaut „gesteuert" auch, dass von irgendwem her eine Steuerungshandlung
erfolgt. Im Falle der Assistenz bleibt es weiterhin bei der Steuerung des Fahrzeuges durch einen Fahrer. Im Falle einer Vollautomatisierung ist die Norm zu
ändern.

§ 23 Abs. 3 S. 3 EBO impliziert, dass ein Triebfahrzeugführer bei Stadt-
schnellbahnen die Anzeige, dass der Notbremsgriff betätigt wurde, wahrnehmen
kann. Sofern im Rahmen der Automatisierung die Verarbeitung des Signals durch
das technische System geschieht, ist eine Anpassung nötig. In Abs. 4 setzt die
Handbremse implizit eine menschliche Bedienung voraus.

§ 28 Abs. 1 Nr. 1 EBO setzt implizit Personal voraus, wenn Einrichtungen
zur Abgabe von hörbaren Signalen bedient werden sollen. Sofern dieses Personal
nicht mehr vorhanden sein wird, ist eine Änderung der Vorschrift unausweichlich.

§ 39 Abs. 3 bzw. 4 EBO setzen die Anwesenheit von Fahrpersonal voraus,
wenn das Freisein des Fahrweges durch Augenschein zu erfolgen hat bzw. ein
Fahren auf Sicht angeordnet ist. Im Falle der Vollautomatisierung ist die Vorschrift
zu ändern.

§ 47 Abs. 1 EBO zielt explizit darauf ab, dass arbeitende Triebfahrzeuge mit
einem Triebfahrzeugführer besetzt sein müssen. Sofern Fahrzeuge nicht mit einer
wirksamen Sicherheitsfahrschaltung ausgestattet sind, wird in Abs. 3 zudem die
Besetzung mit einem Triebfahrzeugbegleiter gefordert. Bei geschobenen Zügen
ist dazu im vordersten Fahrzeug ein Betriebsbeamter vorgesehen.

5.1.2 Änderungen in Bezug auf den Triebfahrzeugführerschein

Die Ausbildung von Triebfahrzeugführern wird in der auf Grundlage des
§ 26 Abs. 1 Nr. 4 AEG erlassenen Triebfahrzeugführerverordnung geregelt.
Änderungen in der Ausbildung der Triebfahrzeugführer müssen sich in diesen
Verordnungen wiederfinden. Möglicherweise werden auch Anpassungen in der
Verordnung(-sermächtigung) des § 26 Abs. 1 Nr. 5a AEG notwendig.

Auch ist der bisherige Triebfahrzeugführerschein an weiteren Stellen im
Gesetz genannt. Diese müssten im Falle von Änderungen möglicherweise ange-
passt werden: §§ 5 Abs. 1e S. 1 Nr. 8, 7d Nr. 2 AEG.

Weitere Anforderungen an den Triebfahrzeugführer sind ebenfalls in §§
48, 54 EBO vorgesehen. Je nach Anforderungsprofil an den Fahrer bzw. bei
komplettem Wegfall des Fahrers sind entsprechende Änderungen vorzunehmen.

5.2 Haftung

Dazu stellen sich Fragen, wie sich die Automatisierung auf Haftungsfragen auswirkt.

5.2.1 Zivilrecht

Zivilrechtlich könnte eine verschuldensunabhängige Gefährdungshaftung nach dem Haftpflichtgesetz oder eine Haftung nach Deliktsrecht in Betracht kommen.

5.2.1.1 Verschuldensunabhängige Haftung

So haftet das Betriebsunternehmen gem. § 1 Haftpflichtgesetz. Vom Betrieb umfasst ist die eigentliche Beförderungstätigkeit. Für einen Haftungsfall muss eine Kausalität zwischen Unfall und Betriebsvorgang gegeben sein. Auch die Haftung nach dem Produktsicherheitsgesetz ist hier zu nennen.

- **Bewertung:** Da es sich um eine verschuldensunabhängige Gefährdungshaftung handelt, welche sich z. B. in der Betriebsgefahr aus dem Betrieb von Schienenbahnen begründet, ist es für die Haftung unbeachtlich, ob der Betrieb ggf. auch hochassistiert oder vollautomatisiert abgewickelt wird.

5.2.1.2 Deliktsrecht

Möglich erscheint eine Haftung nach §§ 823 Abs. 1, 831 BGB.

Nach § 823 Abs. 1 BGB macht sich schadenersatzpflichtig, wer vorsätzlich oder fahrlässig das Leben, den Körper, die Gesundheit, die Freiheit, das Eigentum oder ein sonstiges Recht eines anderen widerrechtlich verletzt. Es muss sich um ein menschliches Tun gehandelt haben, das der Bewusstseinskontrolle unterlag und damit beherrschbar war.

Die verletzende Handlung muss die Verletzung auch kausal herbeigeführt haben. Kausalität ist gegeben, wenn die Handlung nicht weggedacht werden kann, ohne dass die Rechtsgutsverletzung eingetreten wäre. Der Triebfahrzeugführer müsste die Rechtsgutsverletzung auch zu verschulden haben. Das Gesetz verlangt Vorsatz oder Fahrlässigkeit. Vorsatz ist das Wissen und Wollen der Tatbestandverwirklichung. Der Erfolg braucht nicht gewünscht oder beabsichtigt zu sein; ein sog. bedingter Vorsatz reicht aus.[1]

---

[1]RGZ 57, 239, 241; 58, 214, 216.

Fahrlässigkeit ist gegeben, wenn die im Verkehr erforderliche Sorgfalt außer Acht gelassen wird, § 276 Abs. 2 BGB. Voraussetzung der Fahrlässigkeit ist die Vorhersehbarkeit der Gefahr, deren Verwirklichung abzuhelfen ist. Hierzu genügt es, dass die Möglichkeit des Eintritts des schädigenden Erfolges vorausgesehen werden konnte, nicht jedoch der Schadenhergang im Einzelnen.[2] Dafür muss zunächst der Maßstab für den Schuldvorwurf bestimmt werden. Anhaltspunkt dafür können die Fahrdienstvorschriften und das Signalbuch sein, die die Erfahrungen des Fahrdienstes widerspiegeln.[3] Den Fahrdienstvorschriften misst die Rechtsprechung die gleiche Bedeutung zu wie den Unfallverhütungsvorschriften. Wer sich über sie hinwegsetzt, kann sich in der Regel nicht darauf berufen, ein durch die Verletzung der Vorschriften verursachter Unfall sei nicht vorhersehbar gewesen.[4]

Eine besondere Form der Fahrlässigkeit ist die grobe Fahrlässigkeit. Grobe Fahrlässigkeit liegt vor, wenn die im Verkehr erforderliche Sorgfalt in besonders schwerem Maße verletzt wird.[5] Anknüpfungspunkt ist hier, dass schon naheliegende Überlegungen, die sich jedem durchschnittlich verständigen Menschen gewissermaßen von selbst aufdrängen, nicht angestellt werden.[6]

Auch die behördliche Prüfung der Einrichtung und Sicherung von technischen Anlagen entbindet nicht vom Fahrlässigkeitsvorwurf. Der Handelnde muss vielmehr die Entwicklung beobachten und prüfen, ob wegen einer Änderung der Verhältnisse weitergehende oder andere Sicherungsmaßnahmen notwendig sind. Dagegen handelt derjenige, der bei der Errichtung und dem Betrieb von technischen Anlagen die einschlägigen und anerkannten technischen Regeln und Normen beachtet, pflichtgemäß oder zumindest nicht schuldhaft.

Die Handlung müsste auch rechtswidrig gewesen sein, eine Rechtsgutverletzung unterstellt die Rechtswidrigkeit des Handelns. Rechtswidrig handelt nicht, wer sich verkehrsrichtig[7] oder pflichtgemäß[8] verhält.

Die Verkehrsrichtigkeit bestimmt sich nach Verkehrssicherungspflichten in diesem Bereich. Je größer und typischer die Gefährdungen sind, umso intensiver ist

---

[2]BGH, NJW 2013, 291, 295; Palandt/*Grüneberg* § 276 BGB Rn. 20.

[3]*Filthaut*, Haftpflichtgesetz, 9. Aufl. 2015, § 12 Rn. 23.

[4]BGH VRS 27, 129; OLG Karlsruhe VRS 27, 411; OLG Zweibrücken Urt. v. 27.11.1987 – 1 U 1/87; OLG Köln VersR 1998, 252; s. a. BGH VersR 1975, 258, 260; NJW 1999, 573.

[5]RGZ 141, 129, 131.

[6]RGZ 143, 14, 18; BGH VersR 1960, 626; 1967, 127; 1967, 909; 1970, 578.

[7]BGHZ 29, 21.

[8]LG Lübeck RdE 1998, 84 für Versorgungsunterbrechung aus betriebsnotwendigen Gründen.

die Sicherungspflicht des Verfügungsberechtigten. Das Ausmaß der Verkehrssicherungspflicht ergibt sich teilweise aus speziellen gesetzlichen Regelungen, wie z. B. der EBO, Unfallverhütungsvorschriften, anerkannte Regeln der Technik und Fahrdienstvorschriften oder aus von der Rechtsprechung anerkannten Fällen für Verkehrssicherungspflichten, z. B. bei Annäherung an einen Bahnübergang[9].

- **Bewertung:** Die deliktische Haftung zielt immer auf ein menschliches Verschulden. Dort, wo mangels menschlicher Handlungen ein Verschulden nicht gegeben sein kann, greift die Haftung nicht. Im hochassistierten Betrieb unterfällt das Verhalten des Fahrers weiterhin der deliktischen Haftung. Im Bereich des vollautomatisierten Fahrens entfällt die deliktische Haftung. Gleichwohl sind Haftungsverschiebungen denkbar. Denn auch Personal des Betreibers sowie des Herstellers vollautomatisierter Bahnen sind der verschuldensabhängigen Haftung ausgesetzt. Dazu rückt für Schäden, die durch ein vollautomatisiertes System verursacht werden, die verschuldensunabhängige Haftung stärker in den Fokus.

5.2.1.3 Auswahl- und Überwachungsverschulden

Weiterhin ist eine Haftung des Bahnunternehmens nach § 831 Abs. 1 BGB denkbar. Hiernach ist zum Ersatz des Schadens verpflichtet, wer einen anderen zu einer Verrichtung bestellt, den der andere in Ausführung der Verrichtung einem Dritten widerrechtlich zufügt.

Möglicher Anwendungsbereich dieser Vorschrift ist nicht verkehrsrichtiges Verhalten von Bahnpersonal, das zu einer Verletzung führen könnte. Voraussetzung ist hierbei, dass der Triebfahrzeugführer das Bahnpersonal „zur Verrichtung" bestellt hätte. Der Anspruch richtet sich gegen das betreibende Unternehmen. Anknüpfungspunkt ist das Auswahl- und Überwachungsverschulden des Betreibers.

- **Bewertung:** Während die Haftung beim vollautomatisierten Betrieb keinen Anknüpfungspunkt findet, kommt den Auswahl- und Überwachungspflichten des Betreibers im hochassistierten Betrieb weiterhin Bedeutung zu.

---

[9]OLG Hamm Urt. v. 23. 10. 2006 – 13 U 2/06, OLG München Urt. v. 25. 9. 2005 – 1 U 4436/02; ähnlich *LG Göttingen* Urt. v. 7. 6. 2006 – 4 O 212/05, 22. 1. 2003 – 19 S. 188/02.

5.2.2 Strafrecht

5.2.2.1 Fahrlässige Delikte

Während vorsätzliche Taten des Fahrpersonals eine zu vernachlässigende Rolle spielen, sind fahrlässige Deliktsverwirklichungen in der Praxis durchaus anzutreffen. Die Fahrlässigkeit zeichnet sich dadurch aus, dass der kausale Erfolgseintritt durch eine objektiv zurechenbare Sorgfaltspflichtverletzung herbeigeführt wurde. Der Triebfahrzeugführer, welcher beim hochassistierten Fahren vorhanden bleibt, kann weiterhin fahrlässige Taten durch Sorgfaltspflichtverletzung im Rahmen der ihm übertragenen Aufgaben begehen. Insoweit bleibt das hochassistierte Fahren im Vergleich zum strafrechtlichen Status quo ohne Auswirkungen. Bei der Vollautomatisierung fehlt es bereits an Personal, welches Straftaten begehen könnte.

Es bleibt festzuhalten, dass eine Automatisierung die Haftungsstrukturen verschiebt. So wird die Haftung vom Triebfahrzeugführer in Richtung der Betreiber, Hersteller und Zulassungsbehörden verschoben. Je weniger Aufgaben und Verantwortung beim Triebfahrzeugführer verbleiben, umso mehr steht hierfür das technische System ein. An dieser Stelle knüpft dann eine Haftung von Betreiber, Hersteller und Zulassungsbehörde an.

Der Betreiber eines Eisenbahnunternehmens kann sich durch eigene Sorgfaltspflichtverletzungen strafbar machen. Es könnte ein Wartungs-, Funktions- oder Instruktionsmangel als Sorgfaltspflichtverletzung auftreten. Der Betreiber kann ein pflichtwidriges Verhalten begehen, indem er den Fahrer nicht ausreichend über das Fahrsystem instruiert. Ebenso ist der Betreiber zur ausreichenden Wartung des Fahrzeugs verpflichtet. Weiterhin könnte die Sorgfaltspflichtverletzung in einem Funktionsmangel durch fehlende Funktionssicherheit des Fahrsystems liegen. Ein solcher könnte sich daraus ergeben, dass das Fahrsystem bauart- oder softwarebedingt nicht sicher ist und in gefährdenden Situationen eine falsche technische Abfolge auslöst. Industriell hergestellte Produkte sind regelmäßig nicht frei von Konstruktions- oder Produktionsfehlern. Insbesondere Fehlfunktionen und Ausfälle der (Informations-)Elektronik und Schäden an mechanischen Bauteilen können auch bei Schienenbahnen vorkommen. Der von den Verantwortlichen zu verlangende Sicherungsaufwand ist nach anerkannten Grundsätzen umso größer, je gewichtiger die bedrohten Rechtsgüter sind. Da es hier um den Schutz von Leib und Leben geht, sind generell erhebliche und effektive, d. h. die Produktgefahr signifikant verringernde Maßnahmen, zu verlangen.

Dazu zählt auch, dass die Steuerungssoftware gegen unautorisierte Eingriffe von außen geschützt sein muss. Nach diesen Maßstäben muss sich ein Hersteller regelmäßig über eventuell aufgetretene Schwierigkeiten des Fertigungsprozesses informieren und diese genau überwachen. Neben dieser Kontrollpflicht ist auch ein strenges Qualitätsmanagement zu beachten. Die Fertigungsabläufe müssen stets darauf angelegt sein, fehlerfreie Produkte zu gewährleisten. Ausgeschlossen ist jedoch trotz sorgfältigstem Vorgehen eine absolute Gefahrlosigkeit und kann daher von Rechts wegen auch nicht verlangt werden.

Dem Hersteller könnten Konstruktions-, Fabrikations- oder Instruktionsfehler unterlaufen, die zu einer Verletzung der Sorgfaltspflicht führen. Ein Konstruktionsfehler liegt vor, wenn das Produkt im (maßgeblichen) Zeitpunkt seines Inverkehrbringens hinter dem aktuellen Stand der Technik und dem gebotenen Sicherheitsstandard zurückbleibt. Ein Verstoß gegen solche Grundsätze weist indiziell, wenn auch nicht zwingend, auf eine schuldhafte Sorgfaltspflichtverletzung hin. Umgekehrt belegt ihre Einhaltung noch nicht, dass allen Verhaltens- und Kontrollanforderungen genügt worden ist. Denn selbstverständlich ist stets der neueste Stand der Technik zu beachten, d. h. die Entwicklung seit dem Aufstellen der genannten technischen Normen.

Weiterhin könnte die Sorgfaltspflichtverletzung auf einem Fabrikationsfehler beruhen. Ein solcher liegt vor, wenn die Produktreihe als solche einwandfrei konstruiert bzw. programmiert ist und grundsätzlich dementsprechend hergestellt wird, es aber bei der Fertigung (typischerweise, aber nicht zwingend) eines Einzelprodukts oder -teils zu einer planwidrigen Abweichung kommt.

Bei solchen sog. Ausreißern ist die an den Tag zu legende Sorgfalt zu stellenden Anforderungen deutlich geringer. Kein Hersteller muss die völlige Gefahrlosigkeit des von ihm vertriebenen Produkts gewährleisten. Sind die für das Inverkehrbringen des Produkts Verantwortlichen, die Konstrukteure, die Softwareentwickler und sonstigen am Fertigungsprozess Beteiligten ihren oben dargestellten Kontroll- und Informationspflichten im Rahmen des Zumutbaren nachgekommen, so wird ihnen mit Blick auf den Grundsatz des erlaubten Risikos kein Fahrlässigkeitsvorwurf mehr gemacht werden können.

Im Rahmen seiner Sorgfaltspflicht muss der Hersteller verfolgen, ob der Fehler tatsächlich vereinzelt bleibt oder ob er öfter auftritt. Um dieser Pflicht nachzukommen, muss den Ursachen von Produktfehlern nachgegangen werden oder das Produkt ggf. zurückgerufen werden. Wegen der Bedeutung der gefährdeten Rechtsgüter und des bestehenden Gefährdungspotenzials hat die Beobachtungspflicht erhebliches Gewicht. Wird sie missachtet, kommt insbesondere eine Strafbarkeit wegen eines durch Unterlassen (§ 13 StGB) begangenen Fahrlässigkeitsdelikts infrage.

5.2.3   Zwischenfazit Rechtsrahmen

Die größte Hürde beim automatisierten Fahren ist der fehlende Bezugspunkt für das Recht. Recht adressiert immer natürliche Personen, die in der Verantwortung stehen. In Schienenverkehr sind an den Triebfahrzeugführer etliche Verhaltensvorschriften gerichtet. Dieser trägt die Sorgen für sein „ordnungsgemäßes Verhalten". Gleichzeitig kann das Recht bei einem Fehlverhalten anknüpfen und entsprechende Sanktionen verhängen sowie Strafzwecke verfolgen.

Sofern diese Entscheidungen nunmehr von einem „technischen System" getroffen werden, stellt dies das Recht vor eine enorme Herausforderung in der Vorwerfbarkeit. Es müssen dort Lösungen gefunden werden, um auch weiterhin das Recht zur Geltung zu bringen. Es erscheint angebracht, im Hinblick auf Vollautomatisierungen von einem Paradigmenwechsel zu sprechen. Besonderes Augenmerk ist in weiterer Zukunft dann auch auf technische Systeme der künstlichen Intelligenz zu legen, also wenn das technische System nicht mehr nur das Einprogrammierte umsetzt, sondern von sich aus dazulernt und das Programm weiterentwickelt.

Bei einem hochassistierten Fahrbetrieb sind die rechtlichen Hürden überschaubar. Zwar bedarf es Änderungen des einfachen Rechts, die wesentlichen Prinzipien des Rechts bleiben jedoch unberührt. Den entsprechenden politischen Willen vorausgesetzt, ist daher eine Anpassung des Rechtsrahmens kurz- bis mittelfristig möglich.

Auch der „Fahrer" wird an dieser Stelle weiterhin im Rahmen der ihm zugewiesenen Aufgaben Verantwortung tragen und Adressat des Rechts bleiben. Hierbei bleibt bei ihm auch eine „Letzt-Verantwortung" für die Überwachung des technischen Systems.

Mit zunehmender Automatisierung geht gleichwohl eine Haftungsverschiebung einher. So treffen den Betreiber Wartungs- und Instruktionspflichten. Dazu steht auch der Hersteller des technischen Systems in der Verantwortung ein funktionierendes System herzustellen.

Die rechtssichere Umsetzung der Vollautomatisierung gestaltet sich hierbei deutlich anspruchsvoller. Verglichen mit dem Straßenverkehr sind die Voraussetzungen für die Schiene jedoch erheblich besser. So können bedingt durch das Rad-Schiene-System mannigfaltige Dilemma-Situationen wie im Straßenverkehr nicht auftreten. Auf der Schiene bleibt im Kollisionskurs lediglich die

Möglichkeit der Notbremsung. Dazu stellen sich die bislang bestehenden Verhaltensvorschriften im Vergleich zum Straßenverkehr als marginal dar. In der Regel findet bei schienengebundenen Systemen kein Mischverkehr mit anderen Verkehrsteilnehmern statt. Die Kommunikation der Fahrzeuge untereinander bzw. mit der Infrastruktur ist vergleichsweise leicht umzusetzen bzw. bereits umgesetzt.

Rechtsrahmen interne Konzernvorschriften

6

Im Folgenden werden die einzelnen Tasks der Konzernvorschriften in die nachfolgenden Kategorien eingeteilt.

- leicht automatisierbar: „AUT (einfach)",
- komplex, aber automatisierbar: „AUT (komplex)"
- nur manuell durchführbar: „MAN"

Zusätzlich werden vorgeschriebene Ausrüstungsgegenstände benannt, die in den bestehenden Vorschriften unabhängig von der Automatisierung der Fahraufgaben auf dem Fahrzeug vorhanden sein müssen.

Zur weiteren Unterscheidung erfolgt in den nachfolgenden Abschnitten eine Zuordnung der Tasks bzw. der durch die bestehenden Tasks auftretenden Herausforderungen zu den Automatisierungsstufen „V" (vollautomatisiertes Fahren) und „H" (hochassistiertes Fahren).

6.1 Konzernrichtlinie 408 (Fahrdienstvorschrift)

Die Aufgaben des Fahrpersonals laut Regelwerk RiL 408 wurden in fünf Cluster unterteilt:

- Züge fahren (Regelbetrieb)
- Züge fahren (Störungsbetrieb)
- Züge fahren (Meldungen)
- Züge fahren (Ausrüstung)
- Rangieren

© Der/die Autor(en), exklusiv lizenziert durch Springer Fachmedien Wiesbaden GmbH, ein Teil von Springer Nature 2021
F. Hagemeyer et al., *Automatisiertes Fahren auf der Schiene*, essentials,
https://doi.org/10.1007/978-3-658-32328-8_6

Dies entspricht einer bahnbetrieblich logischen Trennung zwischen Zugfahrten und Rangiertätigkeiten sowie zwischen Regel- und Störungsbetrieb, welche sehr unterschiedliche Anforderungen an das Fahrpersonal stellen. Gesondert betrachtet wurden außerdem Meldungen, da diese bisher größtenteils mündlich zwischen Triebfahrzeugführer und Fahrdienstleiter erfolgen, in einem automatisierten System aber durch technische Ersatzhandlungen ersetzt werden müssten. Weiterhin sind einige Informationen zu Ausrüstungsgegenständen der Mitarbeiter zu finden; das Regelwerk müsste an entsprechenden Stellen abgeändert werden. In einem separaten Abschnitt werden im Anschluss Punkte im Regelwerk aufgezeigt, die explizit menschliche Handlungen oder einen Mitarbeiter erfordern und somit – unabhängig vom Automatisierungspotenzial – im Regelwerk geändert werden müssten. Abschließend wird in jedem Abschnitt kurz erläutert, welche Herausforderungen sich für eine erweiterte Fahrerassistenz (vgl. Kap. 5) und für die vollautomatische Betriebsführung (vgl. Kap. 4) ergeben. Dabei werden folgende Farbkennzeichnungen verwendet:

- *Hochassistiertes Fahren: Erweiterte Fahrerassistenz im Sinne von GoA2 mit weitgehenden Assistenzfunktionen zur Unterstützung des Fahrers in kursiv*
- **Vollautomatisiertes Fahren: Vollautomatisierung nach GoA4 ggf. mit Fernsteuerung aus dem OCC – unbegleiteter Betrieb – in fett**

6.1.1 Züge fahren (Regelbetrieb)

Im Regelbetrieb wird grundsätzlich von funktionierenden technischen Anlagen oder regelmäßig auftretenden und daher beherrschbaren Störungen ausgegangen. Generell kann ein großer Teil der Aufgaben des Regelbetriebs bereits mit dem Stand der Technik oder in einem absehbaren Zeitfenster automatisiert werden, ohne am Regelwerk größere Anpassungen vornehmen zu müssen.

Ein besonderes Problem stellen weiterhin niveaugleiche Übergänge dar. Dieses Problem ist perspektivisch nur durch eine vollständige technische Ausrüstung dieser Übergänge oder einen infrastrukturseitigen Ersatz durch Über- und Unterführungsbauwerke zu lösen. Somit ergeben sich keine Änderungsbedarfe am vorhandenen Regelwerk.

Der gesamte Block „Fahren auf Befehl" muss, da Befehle in ihrer bisherigen mündlichen Form nur von Personen entgegengenommen werden können, durch geeignete technische Systeme ersetzt werden. Entsprechend ist das Regelwerk auf allgemeingültigere Formulierungen anzupassen, welche technikunabhängige Abläufe beschreiben (Tab. 6.1).

Tab. 6.1 Beispiele Regelwerksbestandteile RiL 408 mit kritischem Automatisierungspotenzial (Cluster Regelbetrieb)

KoRil 408 §	Task	Kategorie	Kommentar	Betrifft
408.2301	Fahren ohne Streckenkunde	AUT (komplex)	Entspricht Fahrt ohne Streckenkartendaten (nur auf Basis aktueller Sensordaten)	V/H
408.2331 §2(1)	Fahrtzustimmung durch Befehl	AUT (komplex)	Fahren auf Befehl muss durch technische Lösung ersetzt werden	V
408.2331§2(1)	Vorsichtssignal/Ersatzsignal	AUT (komplex)	Entspricht Fahren auf Sicht auf gesichertem Fahrweg	V/H
408.2341 §1(1)	Streckenbeobachtung	AUT (komplex)	Parallelen zu Herausforderungen im Straßenverkehr	V/H
408.2341 §5	Bahnübergang manuell sichern	MAN	Falls erneute Aktivierung der Bahnübergangssicherung fehlschlägt, muss in Verantwortung des Triebfahrzeugführers mit Zugsignalen gesichert werden	V
408.2491	Sichern höhengleicher Reisendenzugänge	MAN	Sicherung bisher durch örtliches Personal. Übergänge müssen entweder baulich verändert oder technisch gesichert werden	V/H

Schlussfolgerung:

- *Hochassistiertes Fahren: Im Normalbetrieb gibt es bereits Situationen, wie z. B. das Fahren auf Befehl, die die Anwesenheit von ausgebildetem Personal an Bord erwarten, aber mit einem geringen Maß an Ausbildung handzuhaben sind. Eine technische Lösung für die Assistenz ist vorstellbar.*

- **Vollautomatisiertes Fahren: Bestimmte Aufgaben, wie Fahren auf Befehl oder die händische Sicherung sind, im Falle der Eisenbahn, nur sehr komplex und aufwändig lösbar. Auf Grund der Sicherheitsrelevanz ist von erheblichen Kosten auszugehen.**

6.1.2 Züge fahren (Störungsbetrieb)

Die Verantwortung des Fahrpersonals steigt im Störungsbetrieb der Eisenbahn stark an, da dieser sich generell mit dem Ausfall technischer Systeme beschäftigt. Eine Automatisierung muss auch diese Situationen bei angemessener Betriebsqualität bewältigen können, weshalb an dieser Stelle hohe Anforderungen gestellt werden. Anders als im Regelbetrieb wurden hier mehrere Aufgaben identifiziert, die einer einfachen bzw. schnellen Automatisierung vom heutigen Stand der Technik gesehen entgegenstehen.

Es ist zu beachten, dass einige dieser Aufgaben durch eine geeignete Infrastruktur- und Betriebsgestaltung entfallen können, wie es in weniger komplexen, weil in sich geschlossenen, städtischen Nahverkehrssystemen bereits demonstriert wird. Ebenso kann eine entsprechend robuste/redundante Ausführung technischer Anlagen die Häufigkeit von Störungen auf ein Maß reduzieren, das die Betriebsqualität auch bei der Prämisse, Personal nur im Bedarfs-/Störungsfall hinzuzuziehen, ausreichend sicherstellt. Hierdurch wäre ein automatischer Betrieb im bisherigen Regelwerkskontext zumindest an diesen Stellen möglich.

Einzelne Punkte können auch langfristig nicht von technischen Systemen umgesetzt werden, andererseits aber auch im Regelwerk nicht einfach verändert werden. Beispielhaft ist hier der Kontrollgang zu nennen, der nach längeren Betriebsunterbrechungen oder nach gefährlichen Umweltereignissen gefahrdrohende Umstände auf der Strecke ausschließt. Angesichts der umfassenden Sicherheitsanforderungen, jedwede Gefahren an der Strecke zu erkennen, andererseits aber der geringen Auswirkungen auf den Eisenbahnbetrieb, erscheint eine Regelwerksänderung an dieser Stelle nicht geboten.

Evakuierungen, im Regelwerk im Zusammenhang mit Feuer im Zug erwähnt, sind ein weiterer Punkt, der zwingend kundiges Personal erfordert. Ob, und falls ja wie, Maßnahmen zur Selbstrettung ausreichen könnten, ist insbesondere bei Gefahrensituationen im Tunnel fraglich. Es sind daher zunächst entsprechende tragfähige Ersatzkonzepte zu definieren, wenngleich somit zunächst insbesondere auf Strecken mit Tunnelanteil der Einsatz von Zugpersonal weiter vorgeschrieben bleibt. Alternativ kann zukünftig überlegt werden, ab welcher Tunnellänge ein Triebfahrzeugführer erforderlich bleibt. Vergleichsweise könnten die Tunnellängen nach §7 EBO bezüglich der Mindestneigungen in Tunnel ($\leq$ 1000 m bzw. $>$ 1000 m) angesetzt werden (Tab. 6.2).

Tab. 6.2 Beispiele Regelwerksbestandteile RiL 408 mit kritischem Automatisierungspotenzial (Cluster Störungsbetrieb)

RiL 408 §	Task	Kategorie	Kommentar	Betrifft
408.2331 §3(1)	Mündliche Bekanntgabe des Signalbegriffs (falls das Signal nicht sichtbar ist)	AUT (komplex)	Exotische Signalbegriffe müssen berücksichtigt und über separate Schnittstellen korrekt übermittelt werden	V
408.2541 §1(1)	Kontrollgang, um gefahrdrohende Umstände an der Strecke zu erkennen	MAN	Sind nach längeren Betriebsunterbrechungen oder gefährlichen Umweltereignissen notwendig	V
408.2541 §1(1)	Fahrt auf Sicht, um gefahrdrohende Umstände an der Strecke zu erkennen	AUT (komplex)	Sind nach längeren Betriebsunterbrechungen oder gefährlichen Umweltereignissen notwendig	V
408.2553 §1(1)	Unregelmäßigkeiten am Fahrzeug feststellen	AUT (komplex)	z. B. Geräusche, sichtbare Störungen, Brandgeruch, etc.	V
408.2554 §2(3)	Evakuierung im Tunnel bei Feuer im Zug	MAN	Erfordert nicht zwingend Triebfahrzeugführer, aber Zugpersonal	V
408.2581 §2(1)	Gefahr und Gefahrenpotenzial einschätzen	AUT (komplex)	Im Störungsfall nur anhalten, falls dadurch die Gefahr nicht erhöht wird	V/H
408.2581 §3(5)	Bei nicht eindeutigem Nothaltauftrag bis zur Klärung auf Sicht weiterfahren	AUT (komplex)	Nicht eindeutigen Auftrag als relevant identifizieren	V
408.2581 §3(6)	Bei unvollständigem Nothaltauftrag diesen dennoch ausführen	AUT (komplex)	Unvollständige Nachrichten korrekt als Nothaltauftrag erkennen	V

Schlussfolgerung:

• *Hochassistiertes Fahren: Im Störungsbetrieb gibt es in großem Umfang Aufgaben, vor allem mit Fokus auf Situationserkennung und -bewertung, die die*

Anwesenheit von Personal an Bord notwendig machen. Ansätze für die Unterstützung sind an anderen Stellen bereits demonstriert worden, z. B. augmented Reality, remote Support, etc.

• **Vollautomatisiertes Fahren: Eine umfassende Störungsbehandlung ist extrem komplex, teuer und nur sehr aufwändig lösbar. Auf Grund der Sicherheitsrelevanz ist von erheblichen Kosten auszugehen.**

6.1.3 Züge fahren (Meldungen)

Sowohl im Regelbetrieb als auch – und insbesondere – bei Störungen ist eine Kommunikation zwischen Zug und Stellwerk zwingend notwendig. Im bestehenden Regelwerk wird diese Kommunikation über mündliche Meldungen zwischen dem Fahrdienstleiter und dem Triebfahrzeugführer realisiert, die im Falle einer Automatisierung durch geeignete Techniken ersetzt werden muss. Einige dieser Meldungen erfordern die Erfassung komplexer Zusammenhänge, sodass entsprechende Ansprüche an die Automatisierung gestellt werden müssen (Tab. 6.3).

Tab. 6.3 Beispiele Regelwerksbestandteile RiL 408 mit kritischem Automatisierungspotenzial (Cluster Meldungen)

RiL 408 §	Task	Kategorie	Kommentar	Betrifft
408.2541 §5	Gefahrdrohende Umstände melden	AUT (komplex)	Komplex, da Gefahren nicht abschließend bekannt	V
408.2561 §2(2)	Verminderten Reibwert zwischen Rad und Schiene melden	AUT (komplex)	Verändert Fahrverhalten im Regelbetrieb zum Teil nur minimal; regelmäßige Betriebsbremsungen zur Ermittlung	V/H
408.2581 §4	Bei akuter Gefahr Nothaltauftrag an Fahrdienstleiter (und weitere Züge auf der Strecke) senden	AUT (komplex)	Sicherheitsrelevante Übermittlung (muss kurz und präzise sein)	V

Schlussfolgerung:

- *Hochassistiertes Fahren: Generell ist das Abgeben und Annehmen von Meldungen einschließlich möglicher Nachfragen eine auf den Menschen ausgerichtete Aufgabe. Die Differenzierung zwischen relevanten aber eventuell verstümmelten optischen und akustischen Warnungen und ähnlich erscheinenden Artefakten ist für den Menschen möglich, technisch aber heute immer noch nicht umfassend umsetzbar (vgl. Abschn. 6.2).*
- **Vollautomatisiertes Fahren: Untersuchungen aus anderen Bereichen (z. B. in der militärischen Luftfahrt) haben gezeigt, dass eine Nachbildung menschlicher Kommunikation selbst unter sehr stark formalisierten Prozessen in technischen Systemen sehr komplex ist und weitere eher psychologische Probleme nach sich zieht (Stichwort „Akzeptanzlücke"[1]).**

6.1.4 Züge fahren (Ausrüstung)

An einigen Stellen der RiL 408 wird explizit erwähnt, dass Mitarbeiter Ausrüstung mit sich führen müssen, wenn sie bestimmte Aufgaben wahrnehmen. Sollten diese Aufgaben automatisiert werden, dürfte auch die Ausrüstung obsolet werden; dies ist aber an anderer Stelle noch zu prüfen. In jedem Fall muss an diesen Stellen eine Anpassung des Regelwerks erfolgen, da diese Anforderungen einer Automatisierung nicht technisch, sondern formell entgegenstehen (Tab. 6.4).

---

[1]Unter dem Phänomen der „Akzeptanzlücke" oder auch „uncanny valley" wird in der Psychologie verstanden, dass die Akzeptanz eines menschenähnlichen Systems nicht linear mit der Ähnlichkeit steigt, sondern im Bereich der hohen Ähnlichkeit stark abfällt und erst in fast nicht mehr vom Menschen unterscheidbaren Systemen wieder ansteigt.

Tab. 6.4 Beispiele Regelwerksbestandteile RiL 408 mit kritischem Automatisierungspotenzial (Cluster Ausrüstung)

RiL 408 §	Task/Ausrüstung	Kategorie	Kommentar	Betrifft
408.2445 §2	Signalpfeife	Ausrüstung	Mitarbeiter an der Spitze des geschobenen Zuges	V
408.2445 §3	Weiß leuchtende Handleuchte	Ausrüstung	Mitarbeiter an der Spitze des geschobenen Zuges	V
408.2445 §4	Signalhorn	Ausrüstung	Mitarbeiter an der Spitze des geschobenen Zuges	V
408.2445 §5	Luftbremskopf	Ausrüstung	Mitarbeiter an der Spitze des geschobenen Zuges	V
408.2445 §6	Funkverbindung mit Tf	Ausrüstung	Mitarbeiter an der Spitze des geschobenen Zuges	V

Schlussfolgerung:

- *Hochassistiertes Fahren: Generell sind die Ausrüstungsteile auf den Menschen abgestimmt. Eine Optimierung durch weitergehende Automatisierung und Digitalisierung ist vorstellbar und voraussichtlich kosteneffizient umsetzbar.*

- **Vollautomatisiertes Fahren: Die genannten Ausrüstungsteile müssten durch andere Systeme ersetzt werden, die teilweise Sicherheitsverantwortung tragen müssten. Daher ist von hohem Aufwand auszugehen.**

6.1.5 Rangieren

Durch die Prämisse, weiterhin mit anwesendem Rangierer und Rangierfernsteuerung zu arbeiten, können viele schwer oder nicht automatisierbare Handlungen abgefangen werden. Insbesondere, da Rangierprozesse abseits von reinen Abstellfahrten, die bereits in den vorigen Kapiteln betrachtet wurden, keine Auswirkungen auf den reinen automatisierten Zugbetrieb haben, kann diese Prämisse helfen, unüberwindbare Hindernisse zu vermeiden (Tab. 6.5).

Tab. 6.5 Beispiele Regelwerksbestandteile RiL 408 mit kritischem Automatisierungspotenzial (Cluster Rangieren)

RiL 408 §	Task	Kategorie	Kommentar	Betrifft
408.4811 §3	Verständigung zwischen Rangierern und Fahrdienstleiter/Weichenwärter	MAN	weiterhin Rangierer	V
408.4811 §5(2)	Ursache für unvorhergesehenen Halt ermitteln	MAN	weiterhin Rangierer	V
408.4813 §2	Hemmschuhe/Radvorleger entfernen	MAN	weiterhin Rangierer	V
408.4813 §2	Handbremsen prüfen	MAN	weiterhin Rangierer	V
408.4815	Gestörte Weichen, Gleissperren, Signale erkennen und entsprechend handeln	MAN	weiterhin Rangierer	V
408.4816	Bahnübergänge sichern	MAN	weiterhin Rangierer	V

Schlussfolgerung:

- *Hochassistiertes Fahren: Rangieren ist bereits heute eine Aufgabe, die mit überschaubarer Ausbildung ausführbar ist. Gleiches gilt für die Rangierlokführer.*

- **Vollautomatisiertes Fahren: Vollautomatisiertes Rangieren mit technischen Systemen ist sehr komplex und wird voraussichtlich kostentechnisch nicht realisierbar sein.**

6.1.6 Forderungen an menschliche Handlungen oder Mitarbeiter

In diesem Kapitel werden Regelwerksbestandteile identifiziert, die durch ihre Formulierung konkret auf eine menschliche Handlung oder die Anwesenheit eines Mitarbeiters schließen lassen. Entsprechend sind an diesen Stellen, unabhängig vom Automatisierungspotenzial der einzelnen Aufgaben, zwingend Anpassungen im Regelwerk nötig, um einen automatisierten Betrieb zu ermöglichen.

Für weitere Formulierungen, die zwar vom Triebfahrzeugführer sprechen, aber nicht explizit eine menschliche Handlung oder die Anwesenheit eines Mitarbeiters

voraussetzen, wird angenommen, dass im Regelwerk die Funktion des Triebfahrzeugführers gemeint ist. Daher wird empfohlen, eine geeignete Formulierung
analog „der Triebfahrzeugführer oder die Fahrzeugsteuerung" zu verwenden,
soweit die Aufgaben automatisierbar sind (Tab. 6.6).

Tab. 6.6 Beispiele Regelwerksbestandteile RiL 408 mit kritischem Automatisierungspotenzial (Cluster Personal)

RiL 408 §	Task	Zitat	Betrifft
408.2411 §1 ff	Befehle entgegennehmen	Der Fahrdienstleiter erteilt mit Befehlen Aufträge an Triebfahrzeugführer Der Triebfahrzeugführer des Fahrzeugs an der Spitze des Zuges	V
408.2445 §1	Geschobene Züge	Das Fahrzeug an der Spitze des Zuges muss mit einem Mitarbeiter besetzt sein	V/H
408.2458 (1)	Zulassung einer Zugfahrt zurücknehmen	Der Fahrdienstleiter darf dem Triebfahrzeugführer mündlich anordnen, die LZB mit dem Störschalter ab- und wieder einzuschalten, bevor er ein Signal auf Halt stellt oder eine Fahrstraße auflöst	V
408.2487 §2(1)	Zugfahrten auf Strecken mit Stichstreckenblock	Nach einem Personalwechsel des Triebfahrzeugführers auf der Betriebsstelle am Ende der Stichstrecke. [Anm.: Passus kann in Zukunft entfallen]	V
408.2553 §2(1)	Unregelmäßigkeiten an Fahrzeugen und Ladungen erkennen	Der Triebfahrzeugführer muss 1. den Zug nach der Unregelmäßigkeit absuchen, 2. bei Anzeige durch eine Ortungsanlage das geortete Fahrzeug untersuchen; wird an diesem Fahrzeug keine Unregelmäßigkeit festgestellt, muss er das davor und dahinter laufende Fahrzeug nach Wärmequellen absuchen, [...]	V
408.2572 §1(2)	Zug zurücksetzen	Das Fahrzeug an der Spitze des zurücksetzenden Zuges oder Zugteils muss mit einem Mitarbeiter besetzt sein und die Verständigung zwischen diesem und dem Triebfahrzeugführer muss möglich sein	V/H

(Fortsetzung)

Tab. 6.6 (Fortsetzung)

RiL 408 §	Task	Zitat	Betrifft
408.2572 §1(2)	Zug zurücksetzen	Auf Strecken mit ETCS-Level 2 ohne Hauptsignale muss die Spitze des Zuges besetzt sein	V/H
408.2653 §6	Zwangsbremsung ETCS	[...] muss der Triebfahrzeugführer sofort den Fahrdienstleiter verständigen und gemeinsam mit ihm feststellen, ob die Zwangsbremsung an einem Haupt- oder Sperrsignal eingetreten ist	V
408.2691 §4	Führerraumanzeige	Wenn die Führerraumanzeige der Fahrplanangaben ausfällt [...] [Anm.: Kann in Zukunft entfallen]	V/H

Schlussfolgerung:

- *Hochassistiertes Fahren: Menschliche Handlungen können durch geeignete Systeme unterstützt werden. Eine Assistenz im Sinne von Hinweisen und Abläufen können bei sehr geringen Kosten zu einer erheblichen Verbesserung und Kostensenkung beitragen.*
- **Vollautomatisiertes Fahren: Die volle Automatisierung von menschlichen Bedien- und Überwachungshandlungen stellt sich als aufwendig und komplex dar.**

6.2 Konzernrichtlinie 301 (Signalbuch)

Die RiL 301 „Signalbuch" enthält

- die wesentlichen Bestimmungen über die bei der DB AG verwendeten Signale der Eisenbahn-Signalordnung (ESO),
- die den Ausführungsbestimmungen entsprechenden Bestimmungen,
- Bestimmungen über die Anwendung der von der ESO abweichenden Signale mit vorübergehender Gültigkeit,
- Zusätze der DB AG sowie
- Orientierungszeichen.

Zum einen können somit die von einer automatischen Zugsteuerung, die optisch Signale erkennen soll, zu identifizierenden Signalbilder ermittelt werden. Zum anderen sind auch allgemein betriebliche Aufträge, die bisher mittels Signalen zum Triebfahrzeugführer übertragen werden, in der Richtlinie enthalten. Entsprechend ihrer Funktion und in Anlehnung an die Gliederung des vorigen Abschn. 6.1 wurden die Regelwerksbestandteile in den Clustern Regelbetrieb, Störungsbetrieb und Rangieren zusammengefasst.

6.2.1 Regelbetrieb

Neben den vom Tf zu erkennenden Signalen enthält die RiL 301 auch Signale, die der Tf abgeben muss, beispielsweise an das Zugpersonal (Tab. 6.7).

Tab. 6.7 Beispiele Regelwerksbestandteile RiL 301 mit kritischem Automatisierungspotenzial (Cluster Regelbetrieb)

RiL 301 §	Task	Kategorie	Kommentar	Betrifft
301.0002 (9)	Ungültige Signale (weißes Kreuz)	AUT (komplex)	Komplexe Bilderkennung & Anbindung Zugbeeinflussung	V/H
301.0901	Signale für das Zugpersonal von Tf	MAN	Zp 1 und Zp 5 können ferngesteuert gegeben werden, der Rest kann entfallen	V
301.0904	Rufsignale	AUT (komplex)	Komplex zu erkennen und Fehlalarme (false positive) sind auszuschließen	V
301.1501 (5.4)	Signale an BÜ – So15	AUT (komplex)	Je nach Lösung komplex oder einfach, muss eigentlich in die Zugbeeinflussung mit rein. Optische Erkennung u. U. komplex	V/H

Schlussfolgerung:

- *Hochassistiertes Fahren: Unter modernen Zugbeeinflussungssystemen ist die Übertragung von Signalbildern und die Reaktion darauf bereits stark automatisiert. Bestehende Ansätze für die Assistenz zeigen, dass dieser Weg technisch machbar ist. Dort wo solche Systeme fehlen und die Erkennung optisch zu realisieren wäre, ist mit erheblichem Aufwand und Kosten zu rechnen.*
- **Vollautomatisiertes Fahren: Ein vollautomatisiertes Fahren setzt im Regelbetrieb eine volle Automatisierung der Signalisierung und Zugbeeinflussung voraus. Lösungen hierfür sind – wenn auch zu erheblichen Kosten – am Markt verfügbar.**

6.2.2 Störungsbetrieb

Angesichts der hohen Relevanz eines zumindest teilweise abgesicherten Störungsbetriebs im Eisenbahnverkehr sind auch für diese Signalbilder und entsprechende Handlungsanweisungen definiert. Diese erfordern ein hohes Maß an Aufmerksamkeit seitens des Tf, da eine technische Sicherung nicht immer gegeben ist (Tab. 6.8).

Tab. 6.8 Beispiele Regelwerksbestandteile RiL 301 mit kritischem Automatisierungspotenzial (Cluster Störungsbetrieb)

RiL 301 §	Task	Kategorie	Kommentar	Betrifft
301.0301 (2.3)	Begriffsbestimmung Zs 1 (Erlöschen des Signals vor Zugvorbeifahrt)	AUT (komplex)	Bereits bekanntes Laufzeitproblem in der Zugbeeinflussung	V/H
301.0301 (12)	Begriffsbestimmung Zs 12	AUT (komplex)	Muss in die Zugbeeinflussung übertragen werden	V/H

Schlussfolgerung:

- *Hochassistiertes Fahren: Im Störungsbetrieb ist ein wesentlicher Faktor die Flexibilität und Reaktionsfähigkeit des Menschen. Ein passendes Assistenzsystem, das auch bei Fehleridentifikation und Prozessverständnis hilft, kann zu einer erheblichen Verbesserung und zu einer Reduzierung der Ausbildungskosten führen.*

- **Vollautomatisiertes Fahren: Das vollautomatisierte Fahren setzt auch eine weitgehende Automatisierung des Störungsbetriebs voraus. Lösungen hierfür sind erst teilweise erprobt und verfügbar.**

6.2.3 Rangieren

Die Signalbilder und Orientierungszeichen im Rangierbetrieb sind aus historischen Gründen sehr vielfältig. Dies kann technisch nur mit hohem Aufwand abgebildet werden, sodass erneut der Ansatz eines Rangierers vor Ort zum Tragen kommt (Tab. 6.9).

Tab. 6.9 Beispiele Regelwerksbestandteile RiL 301 mit kritischem Automatisierungspotenzial (Cluster Rangieren)

RiL 301 §	Task	Kategorie	Kommentar	Betrifft
301.0601 (1), (4), (5), (6)	Schutzsignale	AUT (komplex)	Gerichtete Erkennung notwendig z. B. laxe Aufstellung bei Baustellen, Sonderformen und Aufstellung nicht immer regelkonform, Komplex zu erkennen und Fehlalarme (false positive) sind auszuschließen	V
301.9001 (17)	Hebelgewichte als Orientierungszeichen	MAN	Aufgabe des Rangierers, sonst irreal aufwändig	V

Schlussfolgerung:

- *Hochassistiertes Fahren: Lösungen für die Assistenz des Rangierens erscheinen möglich, der Einsatz eines Rangierers vor Ort scheint dennoch weiterhin sinnvoll.*
- **Vollautomatisiertes Fahren: Auf Grund der sehr variablen Signalisierung und Prozesse erscheint ein vollautomatisiertes Rangieren sehr aufwendig und komplex.**

6.3   Vorschriften für NE-Bahnen (FV-NE) / RiL 438

Da die Fahrdienstvorschrift für Nichtbundeseigene Eisenbahnen (FV-NE bzw. RiL 438) grundsätzlich auf den gleichen betrieblichen Überlegungen beruht wie die RiL 408, sind viele inhaltliche Parallelen zu beobachten. Es gelten daher zusätzlich zu den in diesem Kapitel aufgezählten Punkten auch weiterhin die in Abschn. 6.1 identifizierten Schlussfolgerungen.

Im Folgenden werden die Inhalte der FV-NE, analog zu Abschn. 6.1, in die Cluster Regelbetrieb, Störungsbetrieb, Meldungen, Ausrüstung und Rangieren sowie einen Abschnitt zur expliziten Erwähnungen menschlicher Personen oder Handlungen gegliedert sowie einzelne Besonderheiten aufgezeigt. Diese resultieren oft aus den – aus der wirtschaftlichen Historie der Nichtbundeseigenen Eisenbahnen hervorgegangenen – Methoden einer vereinfachten Betriebsführung auf Nebenstrecken mit wenig Betriebsgeschehen. Dort wurde oftmals zugunsten einer höheren Verantwortung und eines größeren Aufgabenbereichs der einzelnen Mitarbeiter auf komplexe technische Lösungen verzichtet. Entsprechende Anforderungen an die Besatzung eines Zuges können ohne Regelwerksänderung eine schwer zu überwindende Hürde für die Automatisierung des Bahnbetriebs bilden.

6.3.1   Regelbetrieb

Die FV-NE befasst sich im Cluster Regelbetrieb auch mit dem Betrieb auf unbesetzten Nebenstrecken, die nach dem Zugleitverfahren betrieben werden. Hieraus ergeben sich einige besondere Anforderungen an den Tf (Tab. 6.10).

Tab. 6.10 Beispiele Regelwerksbestandteile RiL 438 mit kritischem Automatisierungspotenzial (Cluster Regelbetrieb)

RiL 438 §	Task	Kategorie	Kommentar	Betrifft
438 §7 (4)	Aufsicht am Zug	MAN	Zugführer. Fernüberwachung?	V
438 §14 (3)	Fahrwegfreiprüfung (vor Ausfahrt)	AUT (komplex)	auf unbesetzten Bahnhöfen	V
438 §14 (3)	Weichen in Grundstellung bringen, verschließen	AUT (komplex)	auf unbesetzten Bahnhöfen	V/H
438 §14 (3)	Fahrwegfreiprüfung (nach Ausfahrt für folgende Zugeinfahrt)	AUT (komplex)	auf unbesetzten Bahnhöfen	V
438 §27 (13)	Signalanlagen als Sperrfahrt bedienen	AUT (komplex)	soweit möglich und zulässig	V
438 §1 (4) (Anl. I/5)	Fahrt in spannungslose Gleisabschnitte	AUT (komplex)	Nur, falls Abschnitt mit Schwung durchfahren oder an vorgesehener Stelle gehalten werden kann	V/H

Schlussfolgerung:

- *Hochassistiertes Fahren: Im Normalbetrieb gibt es eine Reihe von Situationen, wie z. B. die Freiprüfung, die die Anwesenheit von ausgebildetem Personal an Bord verlangen, aber mit einem geringen Maß an Ausbildung zu handhaben. Eine technische Lösung für die Assistenz ist vorstellbar.*

- **Vollautomatisiertes Fahren: Bestimmte Aufgaben, insbesondere auf unbesetzten Bahnhöfen, sind nur sehr komplex und aufwendig lösbar. Auf Grund der Sicherheitsrelevanz ist von erheblichen Kosten auszugehen.**

6.3.2 Störungsbetrieb

Abgesehen von allgemeinen Handlungen im Störungsfall, die größtenteils auch in der RiL 408 abgehandelt werden, legt die FV-NE einen besonderen Schwerpunkt auf die Verantwortung des Zugführers, zulässig in Personalunion mit dem Tf, im Umgang mit Reisenden im Havariefall. Explizit wird beispielsweise die Sorge um Verletzte genannt, welche sich wohl mit heutiger Technik kaum ersetzen lässt. Es wäre allerdings zu prüfen, ob eine schnelle Verständigung entsprechender Hilfskräfte ausreicht, um diese Forderung zu erfüllen (Tab. 6.11).

Tab. 6.11 Beispiele Regelwerksbestandteile RiL 438 mit kritischem Automatisierungspotenzial (Cluster Störungsbetrieb)

RiL 438 §	Task	Kategorie	Kommentar	Betrifft
438 §15 (12)	Aufgefahrene Weiche prüfen	MAN	Allg. örtlicher Mitarbeiter, eventuell aber technisch ersetzbar	V
438 §46 (6)	Zug bleibt liegen – Reisenden mit Gepäck etc. beim Aussteigen helfen	MAN		V
438 §47 (3)	Unfall – Für Verletzte sorgen	MAN		V
438 §47 (4)	Unfall – Fahrzeuge auf Schäden untersuchen und ggf. aussetzen	MAN	Gilt auch bei: heißgelaufenen Achslagern, Achsbrüchen, Rädern mit Flachstellen und festen Bremsen/losen Radreifen → Anlage 15	V

Schlussfolgerung:

- *Hochassistiertes Fahren: Im Störungsbetrieb gibt es verschiedene Aufgaben, vor allem mit Fokus auf Situationserkennung und -bewertung, die die Anwesenheit von Personal im Fahrzeug notwendig machen. Ansätze für die Unterstützung sind bereits demonstriert und erprobt worden.*
- **Vollautomatisiertes Fahren: Eine umfassende Störungsbehandlung ist extrem komplex, teuer und nur sehr aufwändig lösbar. Auf Grund der Sicherheitsrelevanz ist von erheblichen Kosten auszugehen.**

6.3.3 Meldungen

Keine relevanten Befunde abweichend von RiL 408 (vgl. Abschn 6.1).

6.3.4 Ausrüstung

Auch die FV-NE nennt explizit Ausrüstungsgegenstände, die vom Betriebspersonal mitgeführt werden müssen. Analog zur RiL 408 kann aber auch hier konstatiert werden, dass es sich hierbei nicht um technische, sondern rein formelle Hindernisse für eine Automatisierung handelt (Tab. 6.12).

Tab. 6.12 Beispiele Regelwerksbestandteile RiL 438 mit kritischem Automatisierungspotenzial (Cluster Ausrüstung)

RiL 438 §	Task/Ausrüstung	Kategorie	Kommentar	Betrifft
438 §2 (7)	Eine richtigzeigende Uhr	Ausrüstung	Mitarbeiter im Betriebsdienst	V
438 §2 (7)	Signalpfeife	Ausrüstung	Rangierpersonale	V
438 §2 (7)	Weißleuchtende Handlampe (je nach Wetter)	Ausrüstung	Rangierpersonale	V
438 §7 (4)	Rot blendende Lampe	Ausrüstung	Aufsichtsbediensteter	V
438 §15 (10)	Zugführerschlüssel für Handverschlüsse (Weichen, Gs, Signale)	Ausrüstung	Zugführer	V
438 §27 (11)	Rotes Licht an Spitze und Schluss	Ausrüstung	Kennzeichnung einer Sperrfahrt	V
438 §34 (4)	Signalhorn (falls BÜ ungesichert)	Ausrüstung	Geschobene Züge	V
438 §44 (15)	Warnweste Klasse 2	Ausrüstung	BÜ durch Zugpersonal sichern	V

Schlussfolgerung:

- *Hochassistiertes Fahren: Eine Assistenz für den richtigen Einsatz der Ausrüstung erscheint möglich und ist zu geringen Kosten zu realisieren, beispielsweise als interaktives Handbuch.*

- **Vollautomatisiertes Fahren: Aktivitäten, die im Zusammenhang mit der Ausrüstung stehen, können teilweise entfallen oder müssen automatisiert werden. Speziell die Automatisierung von Störfällen kann dabei sehr aufwändig und teuer sein.**

6.3.5   Rangieren

Auch die Aufgaben des Rangierers laut FV-NE können mit der Prämisse, weiterhin einen (fernsteuernden) Rangierer vor Ort vorzusehen, ohne Auswirkungen auf die Hauptaufgabe der Automatisierung umgesetzt werden (Tab. 6.13).

Tab. 6.13 Beispiele Regelwerksbestandteile RiL 438 mit kritischem Automatisierungspotenzial (Cluster Rangieren)

RiL 438 §	Task	Kategorie	Kommentar	Betrifft
438 §51 (10)	Mündliche Verständigung	MAN	weiterhin Rangierer	V
438 §52	Rangierfahrt vorbereiten	MAN	weiterhin Rangierer	V
438 §61 (2)	Auffahren einer Weiche – Feststellung des ordnungsgemäßen Zustands	MAN	weiterhin Rangierer	V

Schlussfolgerung:

- *Hochassistiertes Fahren: Lösungen für die Assistenz des Rangierens erscheinen möglich, der Einsatz eines Rangierers vor Ort erscheint dennoch sinnvoll.*
- **Vollautomatisiertes Fahren: Auf Grund der sehr variablen Signalisierung und Prozesse erscheint ein vollautomatisiertes Rangieren sehr aufwändig und komplex.**

6.3.6   Forderungen an menschliche Handlungen oder Mitarbeiter

Die FV-NE enthält nur wenige direkte Forderungen nach einer menschlichen Handlung oder einem physikalisch anwesenden Mitarbeiter.

Inhaltlich kritisch ist §31 (8), in dem gefordert wird, ein Fahrzeug vor dem Verlassen gegen unbeabsichtigte Bewegung gemäß §44 (19) zu sichern. §44 (19) legt hierzu fest: „Abgestellte Züge oder Zugteile sind festzulegen. Der EBL des EIU regelt, ob und an welcher Stelle das Abstellen von Zügen oder Zugteilen zu melden ist." Hier wäre auch inhaltlich zu klären, ob die Übernahme durch eine automatische Zugsteuerung die Forderung nach einer Sicherung gegen unbeabsichtigte Bewegung erfüllt bzw. die automatische Zugsteuerung als technische Sicherung in diesem Sinne anzusehen ist (Tab. 6.14).

Tab. 6.14 Beispiele Regelwerksbestandteile RiL 438 mit kritischem Automatisierungspotenzial (Cluster Personal)

RiL 438 §	Task	Zitat	Betrifft
438 §4 (1)	Wendezüge	Wendezüge sind vom Führerraum an der Spitze aus gesteuerte Züge	V/H
438 §7 (2)	Unbesetzte Bahnhöfe	Ist kein örtlicher Betriebsbediensteter eingesetzt, nimmt der Zugführer die Aufgaben wahr, bei Kreuzungen oder Überholungen der Zugführer des zuerst eingefahrenen Zuges bis zu seiner Abfahrt auch für den zweiten Zug	V
438 §7 (4)	Zugaufsicht	Die Aufsicht [...] hat der Zugführer	V
438 §8 (2)	Verständigung mit Fdl	Die fahrdienstliche Verständigung geschieht mündlich oder durch Signale [Anm.: Formulierung vereinfacht Umstellung]	V
438 §31 (8)	Verlassen des Triebfahrzeugs	Triebfahrzeuge dürfen – auch vorübergehend – nur verlassen werden, wenn diese gegen unbeabsichtigte Bewegung nach §44 (19) besonders gesichert sind	V/H
438 §44 (15)	BÜ durch Zugpersonal sichern	-	V

Schlussfolgerung:

- *Hochassistiertes Fahren: Menschliche Handlungen können durch geeignete Systeme unterstützt werden. Eine Assistenz im Sinne von Hinweisen und Abläufen können bei sehr geringen Kosten zu einer erheblichen Verbesserung und Kostensenkung beitragen.*

- **Vollautomatisiertes Fahren: Die volle Automatisierung von menschlichen Bedien- und Überwachungshandlungen stellt sich als aufwändig und komplex dar.**

Fazit 7

Im Ergebnis zeigen sich erhebliche Vorteile des hochassistierten Fahrbetriebs, welcher sich auch hinsichtlich der zu erwartenden Investitionen wirtschaftlich darstellen lässt: vorzunehmende Änderungen betreffen allein Fahrzeuge und Hintergrundsysteme, nicht aber die Infrastruktur. Der Betrieb kann kostengünstiger realisiert werden, u. a. da weitere Wartungsarbeiten an Streckeneinrichtungen entfallen. Die technische Umsetzung ist wesentlich einfacher zu realisieren. Die notwendigen Anpassungen an bestehende Gesetze und Regelwerke sind überschaubar; die Zugführerausbildung kann radikal vereinfacht werden („vom Zugführer zum Fahrer") und es steht eine größere Grundgesamtheit von Arbeitskräften (z. B. LKW-Fahrer) zur Verfügung.

Eine Vollautomatisierung stellt heute noch erhebliche Anforderungen, die regulativ wie technologisch nicht voll gelöst sind. Es konnte gezeigt werden, dass ein vollautomatisierter Betrieb aufgrund des derzeitigen rechtlichen und betrieblichen Rahmens als sehr aufwendig und komplex gilt. Dabei wurden die technischen Lösungen und Möglichkeiten sowie die Fragestellungen der Wirtschaftlichkeit jedoch nur am Rande beleuchtet. Derzeit ist ein vollautomatischer Bahnbetrieb nur auf speziellen Strecken vorstellbar und vermutlich nur dort wirtschaftlich, wo betrieblich einfache Bedingungen vorliegen und die de facto einen Inselbetrieb aufweisen. Dennoch ist in weiterer Zukunft ein Einsatz von vollautomatischen Eisenbahnen vorstellbar. In der wissenschaftlichen Forschung und Entwicklung sowie der langfristigen Anpassung des Regelwerkes stellen sich relevante Aufgaben.

Ein Einsatz von Automatisierungstechnik für einen vollautomatisierten Betrieb im Bereich des Massenverkehrs dürfte derzeit nicht wirtschaftlich umsetzbar sein. In Relation zu einer drei- bis vierstelligen Fahrgastanzahl sind die Kosten für das jeweilige Fahrpersonal, welche vom einzelnen Fahrgast rechnerisch

© Der/die Autor(en), exklusiv lizenziert durch Springer Fachmedien Wiesbaden GmbH, ein Teil von Springer Nature 2021
F. Hagemeyer et al., *Automatisiertes Fahren auf der Schiene*, essentials, https://doi.org/10.1007/978-3-658-32328-8_7

53

zu tragen wären, vernachlässigbar. Daneben stehen enorme Investitionskosten für die Umrüstung auf einen vollautomatisierten Betrieb. Die Realisierung solcher Systeme ist daher nur im Bereich der Neuanlage von Verkehrssystemen denkbar. Einen Ansatzpunkt für einen hochautomatisierten Betrieb liefert daher lediglich schwach ausgelasteter Verkehr, bei welchem die rechnerischen Kosten für das Fahrpersonal im Vergleich zu den Fahrgastzahlen bzw. der Lademasse deutlich zu spüren sind. Diese – meist wohl kleinen Betriebe – werden jedoch die Investitionskosten für einen automatisierten Betrieb nicht aufbringen können. Den idealen Fokus für eine Vollautomatisierung stellen daher überwiegend kleine Nebenstrecken im ländlichen Raum dar. Eine mögliche Lösung kann darin liegen, die Automatisierung dahingehend einzusetzen, dass zwar Fahrpersonal nicht entbehrlich wird, gleichwohl aber die Anforderungen an die jeweiligen Fahrzeugführer massiv herabgesetzt werden. Zusätzlich ist eine Bündelung von Aufgaben, wie Fahrkartenkontrollen, Serviceaufgaben, o. ä. beim Triebfahrzeugführer denkbar.

Die Einführung sowohl des vollautomatisierten als auch des hochassistierten Fahrens auf der Schiene muss im einfachen Recht mit flankierenden Maßnahmen begleitet werden, welche die Normen in Einklang mit den Anforderungen des gewählten Automatisierungsmodells bringen. Die größte Hürde bei Automatisierungen ist der nunmehr fehlende Bezugspunkt für das Recht, welches an natürliche Personen adressiert. Wo statt einer natürlichen Person lediglich ein "technisches System" agiert, läuft das Recht in seiner Anwendung leer. Im Hinblick auf die Vollautomatisierung ist somit von einem rechtlichen Paradigmenwechsel zu sprechen. Eine rechtliche Umsetzung der Vollautomatisierung ist weder kurz- noch mittelfristig realistisch und zu erwarten. Allenfalls in einer langfristigen Perspektive stellt sich eine solche Umsetzung als möglich dar. Beim hochassistierten Fahren sind die rechtlichen Hürden hingegen überschaubar, da Grundprinzipien des Rechts nicht berührt werden. Den politischen Willen vorausgesetzt, erscheint eine kurz- bis mittelfristige Umsetzung möglich. Der "Fahrer" trägt an dieser Stelle weiterhin die Verantwortung für die ihm zugewiesenen Aufgaben und bleibt tauglicher Adressat des Rechts. Mit zunehmender Automatisierung geht gleichwohl eine Haftungsverschiebung zu Betreibern und Herstellern einher. Verglichen mit dem Straßenverkehr sind die Voraussetzungen für die Schiene jedoch erheblich besser. So verhindert das Rad-Schiene-System die im Straßenverkehr denkbaren "Dilemma-Situationen". Auf der Schiene bleibt im Kollisionskurs lediglich die Möglichkeit der Notbremsung, um das System in einen sicheren Zustand zu bringen. Weiter findet in der Regel bei schienengebundenem Verkehr kein Mischverkehr mit anderen Verkehrsteilnehmern statt. Die Kommunikation der Fahrzeuge untereinander bzw. mit der Infrastruktur ist vergleichsweise weit umgesetzt.

Zusammenfassend können die Aspekte des hochassistierten und vollautomatisierten Fahrens wie folgt formuliert werden:

Hochassistiertes Fahren:

• Änderungen betreffen allein Fahrzeuge und Hintergrundsysteme, keine Streckeneinrichtungen
• Kostengünstiger als der vollautomatisierte Betrieb
• Schneller umsetzbar als der vollautomatisierte Betrieb
• Anpassung in Gesetzen und Regelwerken ist überschaubar
• Ausbildung kann massiv vereinfacht werden

Vollautomatisiertes Fahren:

• Teure und langwierige Technologie-Entwicklung notwendig
• Massive Anpassungen in Regelwerken und Gesetzen notwendig
• Test und Abnahme müssen definiert werden
• psychologische Fragestellungen ungeklärt

Als möglicher Ansatzpunkt für die Lösung der oben skizzierten Problemlagen bietet es sich daher an, den Fokus nicht auf eine vollständige Automatisierung zu legen. Es sind vielmehr Lösungen anzustreben, welche die Anforderungen an das Fahrpersonal verringern, ohne auf solches gänzlich zu verzichten.

Dieser Ansatz vereint viele Vorteile. Dabei ist es nicht notwendig, ein komplettes System in Gänze umzustellen, sondern die Bestrebungen zur Automatisierung in das bestehende System einzufügen und parallel zu einem bestehenden System einzusetzen. Der evolutionäre Ansatz erlaubt schlussendlich auch, die Automatisierung schrittweise voranzutreiben. Dies gilt sowohl für die Komplexität der Automatisierungsstufen als auch für die Ausweitung der Einsatzgebiete. Grund dafür ist der bei der hier untersuchten Hybridlösung weitgehende Verzicht auf jede Änderung an der Infrastruktur.

Eine detailliertere und damit vollständigere Betrachtung ist auf Strecken des Regionalverkehrs, welche eine gute Möglichkeit hinsichtlich hochassistierter bzw. vollautomatisierter Betriebsführung darstellen, durchzuführen. Die ersten Überlegungen beziehen sich zunächst auf Triebzüge im Personenverkehr. Gleichzeitig bleibt eine Übertragung der Ansätze in den Bereich des Güterverkehrs sowie auf lokbespannte Personenzüge möglich.

Es wird angeregt, in weiteren Untersuchungen die technischen Möglichkeiten für eine Vollautomatisierung anhand einer konkreten Umsetzung zu überprüfen und zu validieren. Zusätzlich kann eine Vollautomatisierung nur mithilfe eines digitalen Streckenatlasses (vgl. Kap. 5) zuverlässig erfolgen. Eine Beleuchtung der Rahmen- und Randbedingungen sowie die Hindernisse für die zuverlässige Umsetzung eines solchen Atlasses muss noch untersucht werden.

Was Sie aus diesem *essential* mitnehmen können

- Ein vollständig automatisierter Eisenbahnbetrieb stellt erhebliche rechtliche, technische und finanzielle Anforderungen und wird sich insbesondere auf Nebenstrecken nicht wirtschaftlich realisieren lassen.
- Um dennoch die Automatisierungspotenziale auch im Bereich von Nebenstrecken zu heben, bietet sich eine Teilautomatisierung des Eisenbahnbetriebs an und stellt leistbare rechtliche, technische und finanzielle Anforderungen an einen Verkehr mit Triebfahrzeugen.
- Die Teilautomatisierung reduziert die Anforderungen an das Fahrpersonal im Eisenbahnwesen erheblich und erlaubt dadurch neue personelle Ressourcen zu heben.

© Der/die Herausgeber bzw. der/die Autor(en), exklusiv lizenziert durch Springer Fachmedien Wiesbaden GmbH, ein Teil von Springer Nature 2021
F. Hagemeyer et al., *Automatisiertes Fahren auf der Schiene*, essentials, https://doi.org/10.1007/978-3-658-32328-8

Printed in the United States
by Baker & Taylor Publisher Services